Cornelia Tschischke

Homöopathie

für eine gesunde Katzenseele

2. Auflage

Oertel+Spörer

Bildnachweis
Titelbild: Dr. Gabriele Lehari
Innenteilbilder:
Jeanette Hutfluss, S. 26, 67
Dr. Gabriele Lehari, S. 31, 43, 49, 73, 78, 89
Charlotte Widmann, S. 7, 9, 14, 20, 37, 55, 61, 84

Haftungsausschluss

Bibliografische Information der Deutschen Nationalbibliothek
Die Deutsche Nationalbibliothek verzeichnet diese Publikation in der Deutschen Nationalbibliografie; detaillierte bibliografische Daten sind im Internet über http://dnb.d-nb.de abrufbar.

2. Auflage
Postfach 16 42 · 72706 Reutlingen

Lektorat: Dr. Gabriele Lehari
DTP und Repro: raff digital gmbh, Riederich
Druck und Bindung: Oertel+Spörer Druck und Medien GmbH+Co., Riederich
Printed in Germany
ISBN 978-3-88627-833-6

Inhalt

Vorwort

Liebe Katzenfreunde,

das Leben brachte mir durch einen Notfall die Katzen, meine Schwester brachte mir die Homöopathie. Für beides bin ich unendlich dankbar, weil es täglich mein Leben bereichert und mich immer wieder aufs Neue fasziniert und begeistert.

Die geheimnisvollen Katzen können uns, wenn wir uns auf sie einlassen, eine ganz neue Welt eröffnen. Oft werden sie auch von großen Denkern als Philosophen auf vier Pfoten bezeichnet. Betrachten sie uns als angemessen, lassen sie uns gern an ihrem Leben teilhaben, in dem sich wohldosiert das Tun mit dem Nichtstun auf meisterliche Weise abwechselt und ergänzt.

Ein Stückchen behalten diese beeindruckenden Individualisten immer für sich, gehören immer auch sich selbst, sind also wahre Freigeister. Vielleicht bezaubern sie uns deshalb so mit ihrer natürlichen Eleganz, ihrer Mystik, ihrer Sensibilität und ihrer Unabhängigkeit.

Dieses Buch soll dabei helfen, die filigrane Katzenseele besser zu verstehen, seelische Disharmonien auszugleichen und damit die gesamte Lebenskraft unserer anmutigen Begleiter zu stärken.

Anhand von fünfzehn, häufig von mir angewendeten Mitteln, habe ich die kleinen und großen Auffälligkeiten im Ausdrucksverhalten zusammengestellt und mit einem Fallbeispiel ergänzt. Es müssen nicht immer alle Symptome vorhanden sein, auch nicht so ausgeprägt wie beschrieben. Bei genauer Beobachtung ist aber meistens ein Grundcharakter erkennbar.

Ich hoffe, Ihnen damit eine Hilfestellung zu geben, um für Ihre „Samtpfoten" das richtige Mittel zu finden und deren Seele zu stabilisieren und gesund zu erhalten.

Das Buch kann und soll natürlich keine therapeutische Fallaufnahme ersetzen. Ziehen Sie bitte deshalb bei Unsicherheiten einen Tierheilpraktiker oder homöopathisch versierten Tierarzt hinzu.

Bedanken möchte ich mich bei all den Tieren, die ich bisher kennenlernen durfte und die weiterhin meine besten Lehrmeister sind. Auch bei den Menschen, die mir vertrauensvoll die vielen Facetten ihrer Katzen geschildert haben, mit all ihren kleinen und großen Besonderheiten und Macken. Ohne sie wäre dieses Buch nicht entstanden, und auch nicht ohne die vielen Menschen, die gern einem Tier in Not helfen und ihm ein neues Leben schenken. Es sind die Tiere aus dem Tierschutz, die mir besonders am Herzen liegen, und vielleicht kann dieses Buch auch hier zu einigen Happyends beitragen. Das wäre ein großer Wunsch von mir.

Mein Dank gilt auch Frau Dr. Gabriele Lehari vom Verlag Oertel+Spörer, die von meiner Idee überzeugt war, mir mit Rat und Tat zur Seite stand und sich viel Mühe bei der Gestaltung machte.

Ihnen allen wünsche ich, dass Sie sich sowohl für die Katzen als auch für die Homöopathie öffnen können. Mögen sich dadurch auch für Sie neue, wunderbare Welten auftun und Sie in Gesundheit und Harmonie die kostbare Gesellschaft einer Katze genießen.

Für Tiger, Lisa, Bonny und Luna

„Einer Katze gelingt das Unglaubliche –
selbst der hochmütigste Mensch
liegt ihr irgendwann zu Füßen."

(Cornelia Tschischke)

Einführung

Die Homöopathie bietet uns auf sanfte Weise die Möglichkeit, auch auf die Seele unserer Tiere positiv einzuwirken. Es gibt sogenannte „große Mittel" mit einem breiten Wirkungsspektrum, die in der Homöopathie als Konstitutionsmittel bezeichnet werden. Jedes dieser Mittel weist, neben den körperlichen Symptomen, auch ein charakteristisches psychisches Mittelbild auf.

Der oberste Grundsatz der Homöopathie „Ähnliches möge mit Ähnlichem geheilt werden!" greift auch auf der emotionalen Ebene. Durch Verabreichung des ähnlichsten Mittels wird der Körper dazu angeregt, sich selbst zu heilen – physisch wie psychisch. Das kann, je nach Mittel und Veranlagung des Tieres, länger dauern oder auch schnell gehen. Länger bestehende seelische Wunden brauchen erfahrungsgemäß auch etwas länger, um zu heilen.

Zuerst bemerkt der aufmerksame Tierbesitzer meistens eine leichte Verbesserung des Allgemeinbefindens oder das Tier schläft viel. Das sind alles gute Anzeichen für eine allmähliche Verbesserung, wobei es manchmal für etwa zwei Tage auch zu einer sogenannten Erstreaktion, besser bekannt als Erstverschlimmerung, kommen kann. Das geht in der Regel schnell vorüber und danach sollte langsam die Besserung erkennbar sein. Bei eher schwerfälligen, langsamen Tieren sind es typischerweise auch eher langsame Mittel, die infrage kommen. Dann sollten Sie auch bei der Anwendung etwas Geduld haben.

Bei der Mittelwahl ist zu beachten, dass nicht immer schon körperliche Symptome vorhanden sein müssen. Die Katze dieses Typs tendiert aber in diese Richtung.

Die psychischen Symptome haben in der Homöopathie allgemein eine höhere Wertigkeit als die physischen und sind im Zweifel aussagekräftiger. Manche Mittel sind sich ähnlich. Dann sind es oft Kleinigkeiten, die einen entscheidenden Hinweis geben, und man sollte nochmal ein genaues Augenmerk auf die Vorlieben seiner Katze richten.

Ein homöopathisches Mittel für die Seele muss nicht das ganze Leben lang immer dasselbe sein. Es kann sich, wie die Lebensumstände auch, über die Jahre ändern.

Plötzliche Verhaltensveränderungen sind oft körperlicher Natur oder der Beginn einer ernsthaften Erkrankung. Lassen Sie bitte deshalb vor der Mittelgabe den Gesundheitszustand Ihres Tieres abklären, um eine körperliche Ursache ausschließen zu können. Besteht eine bekannte Erkrankung, kann das richtig gewählte psychische Mittel die bestehende Behandlung positiv unterstützen und die Lebensenergie stärken. Bevor Sie ein Mittel zu schnell wechseln, weil Sie keinen Erfolg sehen, konsultieren Sie bitte einen Therapeuten oder Tierarzt. Manche Mittel passen nämlich nicht zueinander oder heben sich in ihrer Wirkung gegenseitig auf. Das „einfache Rumprobieren" sollte man deshalb, zum Wohle des Tieres, unterlassen.

Verabreichung und Potenz

Für Tiere empfiehlt sich die Gabe von homöopathischen Mitteln auf Globuli-Basis oder als Tabletten. Manche Katzen schlecken die Kügelchen auf Milchzuckerbasis gern auf. Das ist ideal zur Aufnahme über die Schleimhäute. Ersatzweise kann man die Globuli auch in Leckerli verstecken, in Wasser auflösen oder direkt übers Futter geben.

Für die psychische Anwendung empfiehlt sich eine mittlere bis höhere Potenz, also Stärke, um einen entsprechenden Impuls auf seelischer Ebene zu setzen. Eine Potenz in der C30 ist meistens ausreichend und lässt sich gut kontrollieren. Man gibt also eine Gabe von 5 Globuli beziehungsweise 1 Tablette in der Potenz C30 und wartet ein bis zwei Wochen ab, wobei man in der Zeit sein Tier genau beobachtet.

Jedes Tier reagiert anders und unterschiedlich schnell. So ist auch die Häufigkeit der Gaben unterschiedlich. Meistens bedarf es vier Gaben im Abstand von zwei bis vier Wochen für eine deutliche Besserung. Manchmal reichen schon ein bis zwei Gaben aus.

Eine Dosis entspricht fünf Globuli oder einer Tablette.

Wenn man merkt, dass die Besserung nicht mehr anhält, wird nochmal ein Anstoß benötigt. Eine Dauerbehandlung ist allerdings unnötig und nicht in homöopathischem Sinne. Wenn es mit Sicherheit das richtige Mittel ist, kann man auch mit einer höheren Potenz abschließen, die dann länger vorhält. Die hohen Potenzen gehören aber in professionelle Hände.

Wenn sich innerhalb von drei Wochen gar nichts tut, war das Mittel verkehrt. Dann nützt auch keine Wiederholung und man sollte Hilfe hinzuholen.

Die hier aufgeführten Mittel sind einige häufig verabreichte Mittel. Es besteht aber kein Anspruch auf Vollständigkeit.

Mein Tipp für die Dauer der Behandlung

Ein kleines Tagebuch führen und eine Zeit lang ruhig alle Kleinigkeiten notieren. So hat man einen guten Überblick über den Verlauf und kann später nochmal nachlesen.

Arnica – Schock und Erschöpfung

Die Arnica-Katze braucht Ruhe, um Kraft zu tanken.

Inhaltsstoffe

- Arnicin (Sesquiterpenlactone)
- Gerbstoffe
- Harz
- Ätherische Öle
- Sulfat- und Siliziumspuren
- Flavonoide

Symptome

Bekannt ist die äußere Anwendung von Arnica montana oder auch Bergwohlverleih als Verletzungsmittel bei Prellungen, Verstauchungen, Blutergüssen, Wunden und Schwellungen. Die im Arnicin enthaltenen Sesquiterpenlactone sind entzündungshemmend und tragen zur Wundheilung bei. Außerdem wirkt Arnica gefäßerweiternd und vermindert die Leitfähigkeit der Nerven. Das erklärt seine schmerzstillende Wirkung.

Bewährte Indikation

- Folgen physischer und psychischer Traumata
- Gehirnerschütterung
- Akute Verletzung oder Lahmheit
- Ermüdungs- und Erschöpfungszustände
- Operationsvor- und -nachsorge
- Gelenk- und Muskelschmerzen mit Zerschlagenheitsgefühl
- Unterstützung in der Rekonvaleszenz

Das geschwächte Allgemeinbefinden erstreckt sich, wie bei einem Schockzustand, auch auf die emotionale und geistige Ebene.

Der Arnica-Charakter

Bei Katzen, die Arnica brauchen, ist der vollkommen erschöpfte Zustand sehr auffällig. Die Tiere wirken abwesend und sind nicht ansprechbar. Will man sie hochheben, zucken sie zusammen, scheinen aber ansonsten wie versteinert, mit leerem Blick. Hinter ihnen liegt entweder ein Schockerlebnis wie ein Unfall oder auch eine ungewöhnliche, strapaziöse Situation wie eine lange Reise oder eine Operation. In ihrer Welt ist etwas geschehen, mit dem sie momentan nicht fertig werden.

Katzen aus dem Auslands-Tierschutz, die nach langer Reise endlich bei uns ankommen, sind oft sehr mitgenommen und brauchen erstmal ein ruhiges Plätzchen zum Ausruhen und „Ankommen". Sie hatten vorher oft ein sehr karges Leben in ihren Heimatländern und brauchten ihre Energie zum Überleben. Der jetzige Transport, die fremde Umgebung und all die fremden Menschen sind dann manchmal einfach zu viel für die angeschlagene Katzenseele. Nach ein paar Tagen, die nur aus Schlafen und Fressen bestehen, kehren die Lebensgeister dann zurück und die Umgebung samt Menschen wird inspiziert.

Der Arnica-Zustand ist also überwiegend nicht von Dauer, sondern immer die Folge eines nicht verarbeiteten psychischen oder physischen Traumas, das durchaus auch längere Zeit zurückliegen kann.

War beispielsweise ein früherer Unfall die Ursache, kann ein Tier in ähnlichen Situationen immer wieder mit diesem „Ausklinken" reagieren, um sich unbewusst zu schützen. Oder es mag plötzlich die anderen Artgenossen nicht mehr, weil diese in irgendeiner unglücklichen Weise mit dem erlebten Schock in Zusammenhang gebracht werden. Ein ganzes Katzenrudel kann dadurch aus den Fugen geraten.

Oft ist das auslösende Erlebnis nicht mehr nachzuvollziehen und die Menschen wundern sich über den fast apathischen Zustand ihres Kätzchens.

Manche Rassekatzen, die das erste Mal eine Ausstellung erleben, reagieren darauf sehr gestresst und sind in den nächsten Tagen einfach kaputt. Die vielen Eindrücke, die Lautstärke, die vielen Menschen und fremden Katzen und die fehlende Rückzugsmöglichkeit sind für die sensiblen Samtpfoten eine große Belastung. Einige können sich nie daran gewöhnen. Dann sollte man es ihnen besser ersparen.

Auch ein Tierheimaufenthalt bedeutet für viele Katzen großen emotionalen Stress und sie befinden sich eine Zeit lang in der typischen Arnica-Verfassung, bis sie sich an den neuen Rhythmus und ihre Artgenossen gewöhnt haben.

Zeit zum Ruhen und Krafttanken brauchen die abgekämpften Tiere in ihrer Mutlosigkeit und Resignation, während der Schlaf meist sehr unruhig ist.

So wie Erlebnisse – abhängig vom Charakter – unterschiedlich aufgenommen und verarbeitet werden, ist auch die Dauer der Erholungsphase individuell verschieden. Es braucht Geduld und Verständnis und man sollte die Tiere nicht zu sehr bedrängen, weil sie so „gleichgültig" scheinen. Sie zeigen es uns, wenn sie so weit sind, wieder am Leben teilzunehmen, indem sie vermehrt Blickkontakt aufnehmen und insgesamt interessierter wirken. Dann sind ihre „Batterien" etwas aufgeladen und der Lebensmut hat gesiegt.

War das Erlebte besonders extrem, kann es natürlich bleibende Spuren im Verhalten hinterlassen. Die Tiere sind künftig vielleicht schreckhafter oder weniger zutraulich. Hier helfen nur die Zeit und ein liebevoller, vertrauenswürdiger Umgang, damit die Seele heilen kann. Arnica unterstützt dabei, seelisch wie körperlich, neue Energie und Zuversicht zu finden.

Fallbeispiel: Carla, etwa zweijährig, weiß-grau, aus Spanien

Nach einem endlos langen Transport erreichte Carla ihre erwartungsvollen, neuen Besitzer. Sie kam aus einem spanischen Tierheim, mehr wusste man nicht über sie. Kurz vor ihrer Reise wurde sie in Spanien noch kastriert, geimpft und gechippt – eben das übliche, notwendige Programm für die Einfuhr. Carla bot ein Bild des Jammers: Zusammengekauert in ihrer Box, mit verklebtem Fell und vor Angst geweiteten Pupillen, saß sie in ihrer eigenen Pfütze. Wenn man sie nur ansah, wich sie schon zurück. An eine zarte Berührung war gar nicht zu denken. Sie flüchtete nach ihrer Ankunft in der Wohnung sofort aus ihrer Transportbox unter die Flurtreppe. Sie traute sich auch zum Fressen und Trinken nicht aus ihrem Versteck und bekam die Näpfchen deshalb unter die Treppe gestellt. Nach Stunden dann, zur großen Erleichterung aller, nahm sie ein paar Bissen und fiel danach total erschöpft in einen unruhigen Schlaf.

Da wir Carlas Vorgeschichte nicht kannten, empfahl ich den besorgten Besitzern, erst mal ein paar Tage Arnica zu verabreichen, um der mutlosen Katze wieder auf die Beine zu helfen.

Nach fünf Tagen erhielt ich einen Anruf, dass es ihr schon viel besser gehe. Sie sei zwar immer noch ängstlich, interessiere sich aber mehr für ihre neue Umgebung. Das überdachte Katzenklo verweigere sie noch, wahrscheinlich kannte sie das nicht. Ich schlug die Entfernung des Deckels vor und einen anderen, besser geschützten Platz. Insgesamt machte sie einen lebhafteren Eindruck und begann, ihren neuen Besitzern auf Schritt und Tritt zu folgen. Der Grundstein für Carlas neues, besseres Leben war also gelegt und die Sache mit dem Katzenklo würde bestimmt auch noch klappen.

Fazit

Natürlich konnte ich kein passendes individuelles Mittel empfehlen, weil ich von Carlas Charakter so gut wie nichts wusste. Ihr ängstliches Verhalten war aufgrund der Umstände relativ verständlich. Ich war auf den ersten Eindruck angewiesen und hier stand ganz deutlich der traumatisierte Arnica-Zustand im Vordergrund.

Tipp

Auch länger zurückliegende Schockerlebnisse kann man mit Arnica noch positiv beeinflussen. Es eignet sich als Rekonvaleszenzmittel nach Krankheit und ist ein sehr gutes Kräftigungsmittel für ältere Tiere. Wenn die Vitalität nachlässt, empfehle ich wöchentlich eine Gabe. Bei plötzlichen Verhaltensveränderungen sollte man aber immer auch die körperliche Gesundheit abklären lassen.

Arsenicum album - Ängstliche Unruhe

Typisch für eine Arsenicum-Katze ist das Verlangen nach absoluter Sauberkeit.

Inhaltsstoffe

- Arsentrioxid (Acidum arsenicosum anhydricum)

Symptome

Durch Oxidation des Halbmetalls Arsen entsteht das giftige, weiße Arsenik, das als Spurenelement auch im Organismus vorhanden ist. In geringen Mengen diente es früher als anerkanntes Kräftigungstonikum. In hoher Konzentration führt es zum Vergiftungstod durch seinen zersetzenden Einfluss auf alle lebenswichtigen Organe, Gewebe und Haut. Allgemeine Entkräftung mit Erbrechen und Durchfall, schmerzhafte Koliken, Nervosität, Todesangst, Zittern und Kollaps zeigen sich als Symptome.

Bewährte Indikation

- Panische Angstzustände
- Wiederkehrende Gastritis und Durchfälle
- Periodische juckende Ekzeme
- Akute Nierenentzündung
- Asthma im Wechsel mit Hautproblemen
- Vergiftung mit Erbrechen und Durchfall
- Rekonvaleszenzmittel nach schweren Krankheiten

Der nervöse psychische Zustand ist sehr auffällig und wird oft von einem panischen Gesichtsausdruck und Zittern begleitet. Auch körperliche Beschwerden sind häufig nervösen Ursprungs.

Der Arsenicum-Charakter

Arsenicum-Katzen erkennt man an ihrem unverwechselbaren, nervösen Grundcharakter. Ängstlich und hektisch reagieren sie auf alles, was aus ihrer Sicht nicht zum gewohnten Ablauf gehört. Schon das geringfügige Umstellen der Futterschüsseln erzeugt Protest. Sie fressen erst wieder, wenn der Napf an der gewohnten Stelle steht.

Meist sind sie von feingliedriger, zarter Statur, wobei es – wie immer – Ausnahmen gibt. Die Kälteempfindlichkeit ist groß und das Wärmebedürfnis sehr extrem. Mit einem warmen Kachelofen, auf dem sie ihr Plätzchen haben, kann man Katzen dieses Typs viel Freude bereiten, auch wenn sie häufig ihren Schlafplatz wechseln. Bei Menschen, die viel außer Haus sind, oder in einer lebhaften Familie werden sie sich nicht wohl fühlen, weil sie Angst vor dem Alleinsein haben und sehr geräuschempfindlich sind. Sie brauchen vertraute Gesellschaft und einen strukturierten Tagesablauf mit ihren geliebten Ritualen. Dann kann sich ihre unsichere Persönlichkeit etwas stabilisieren und sie zeigen ihre fröhliche und äußerst intelligente Natur.

Da schon Kleinigkeiten nicht toleriert werden, sind größere Veränderungen eine Tragödie. Die Unterbringung in einer Katzenpension oder im Tierheim löst Panik aus und kann auch zu aggressivem Verhalten gegenüber Artgenossen und Menschen führen, wenn sich die verzweifelten Geschöpfe bedrängt fühlen. Ihre geordnete Welt ist zusammengebrochen und das bestätigt sie in ihrer Grundangst, die man durchaus als Todesangst bezeichnen kann. Aus ihrer Routine gerissen, haben sie keinerlei Halt mehr und laufen, trotz Schwäche, auch nachts ruhelos umher. Abmagerung durch Appetitmangel und schneller Verfall resultieren im schlimmsten Fall aus einer nicht bewältigten Stresssituation. Das Fell wird dann trocken und stumpf, manchmal mit feinen Schuppen. Wässriger Durchfall, vorwiegend nachts, kann auftreten.

In einem neuen Zuhause ist anfangs ihre Angst derart ausgeprägt, dass schon eine schnelle Bewegung oder ein Schatten an der Wand den sofortigen Fluchtimpuls auslöst. Die neuen Besitzer brauchen also viel Geduld und Verständnis für diese gepeinigten Wesen, die nur aus Angst zu bestehen scheinen.

Haben sie sich etwas eingewöhnt, tritt wieder ihre pedantische Kontrollsucht in den Vordergrund und der Tagesplan muss präzise eingehalten werden. Täglich wird die Wohnung inspiziert, um sicherzugehen, dass noch alles an seinem angestammten Platz ist. Die übertriebene Genauigkeit spiegelt sich auch im Verlangen nach absoluter Sauberkeit wieder, sowohl beim Katzenklo als auch bei sich selbst. Katzen putzen sich allgemein sehr gründlich und es dient auch der eigenen Beruhigung, aber bei einem Arsenicum-Typ artet es manchmal in einen Putzzwang aus. Das Zusammenleben ist also etwas anstrengend.

Langsam aber sicher hat der „Inspektor“ sein gesamtes Umfeld im Griff und alles richtet sich nach ihm, „weil er sich sonst wieder so aufregt“. Geht man zu sehr auf seine Kontrollsucht und seine Ängste ein, indem man tröstet und bemitleidet, wird er bestärkt in seinem Verhalten und findet immer neue Angstauslöser. Besser ist, so schwer es sein mag, ein eher gleichgültiges, gelassenes Verhalten. So merkt er allmählich, dass es keinen Grund zur Panik gibt und orientiert sich mehr an seinen Menschen, die im besten Fall über ein gefestigtes, ausgeglichenes Grundnaturell verfügen.

Seine Rituale wird er trotzdem brauchen, aber er ist nicht mehr so „getrieben“. Arsenicum trägt dazu bei, dass er sich auch mal ausruhen und zaghaft lernen kann zu genießen und zu entspannen. Denn eine zeitweilige Entspannung ist für diese Katzen ein enormer Fortschritt und für die Mitbewohner eine große Entlastung.

Fallbeispiel: Vladimir, Tigerkater aus dem Tierheim, ungefähr sieben Jahre alt

Vier Wochen war Vladimir nun in seinem neuen Heim, in dem noch zwei liebe Katzendamen wohnten. Vom Tierheim wussten die neuen Besitzer nur, dass Vladimir ein Fundkater war, der verstört und abgemagert dort abgegeben wurde.

Die Gründe meines Besuches bei Vladimir waren sein fehlender Appetit, öfter Durchfall und ein Ekzem an der Schwanzwurzel, das er sich bereits blutig gebissen hatte. Außerdem hatten seine neuen Besitzer das Gefühl, ihm nichts recht machen zu können. Bei lieb gemeinten Annäherungsversuchen war er sofort verschwunden und richtig entspannt hätten sie ihn noch nie erlebt.

Bei der folgenden Anamnese-Befragung stellte sich heraus, dass Vladimir die beiden Katzendamen akzeptierte, obwohl er eindeutig von ihnen dominiert wurde. Man könne die Uhr danach stellen, wann er sein Fressen einfordere. Würde er aber dann durch eine Kleinigkeit gestört, flüchte er sofort unter das Sofa. Er putze sich häufiger als die anderen Katzen und wenn er nervös sei, durch fremde Geräusche oder so etwas Ähnliches, beginne er, in seinen Schwanz zu beißen.

Da sich Vladimir bei meiner Ankunft wieder einmal unter dem Sofa befand, begab ich mich auf den Boden und sah in zwei riesengroße, panisch aufgerissene Augen. Dieser kleine Kerl hatte eindeutig Todesangst.

Wir ließen ihn vorerst in Ruhe und ich machte dem verunsicherten Ehepaar deutlich, dass Vladimir wohl länger brauchen würde, um sein neues Leben zu genießen. Er sollte nicht zu sehr bedrängt werden und die Ruhe und Gleichmäßigkeit der Tagesabläufe würden ihr Übriges tun. Außerdem bekam Vladimir Arsenicum album.

Drei Wochen später erhielt ich die Rückmeldung, dass sich die Lage etwas entspannte. Vladimir hatte an Gewicht zugelegt, sein Schwänzchen ließ er in Ruhe und obwohl er immer noch schreckhaft und schüchtern war, ließ er sich doch immer mehr mit Streicheleinheiten verwöhnen.

Fazit

Vladimir musste seine Angst mit Bewegung kompensieren (Flucht, Schwanzjagen, Putzen) und war nicht in der Lage, sich zu entspannen und sich über sein neues Zuhause zu freuen.

Erst war ich mir nicht ganz sicher, weil vier Wochen keine lange Zeit sind, um ein Tier einschätzen zu können. Auch das nervöse Schwanzjagen kommt bei einigen anderen Mitteln (zum Beispiel Belladonna) vor. Gewissheit gaben mir letztlich sein panischer Augenausdruck und sein Hang zur Pedanterie.

Tipp

Arsenicum wird in der Homöopathie häufig bei schweren Krankheitsgeschehen, auch im Endstadium, eingesetzt, ebenso nach überstandener Erkrankung.

Bei der Mittelwahl sind immer die drei Symptome entscheidend: Ruhelosigkeit, Angst und das starke Bedürfnis nach Wärme. Nur wenn sie keine Fluchtmöglichkeit haben und keinen anderen Ausweg sehen, können die Tiere aggressive Reaktionen zeigen. Sie handeln dann regelrecht aus „Notwehr“.

Belladonna - Unberechenbare Aggression

Der Umgang mit einer Belladonna-Katze bedarf viel Feingefühl.

Inhaltsstoffe

- Hyoscyamin
- Tropanalkaloide (Atropin, Scopolamin)
- Cumarine
- Gerbstoffe
- Flavonoide

Symptome

Die ausgeprägte Wirkung auf das zentrale und periphere Nervensystem der Tollkirsche (Atropa bella-donna) beruht hauptsächlich auf dem Inhaltsstoff Atropin. Bei einer Vergiftung kommt es deshalb zu starker Erregung, Bluthochdruck, Pupillenerweiterung, Schwindel, Fieber, krampfartigen Schmerzen und Ateminsuffizienz.

Bewährte Indikation

- Anfallsartige Aggressions- und Angriffsbereitschaft
- Akute Entzündungen in der Anfangsphase (Blasenentzündung, Erkältung, Gelenkentzündung)
- Gastritis mit Kolikschmerzen
- Fieberhafte Zustände
- Epileptische Anfälle

Die extremen Symptome entstehen alle heftig und plötzlich und zeigen sich in Form von Überempfindlichkeit, Übererregung und Gereiztheit auch auf der seelischen Ebene des Arzneimittelbildes von Belladonna.

Der Belladonna-Charakter

Bei Katzen, die immer wieder zu plötzlichen, unberechenbaren Aggressionsschüben neigen, sollte man an Belladonna denken. Gerade noch hat man mit ihnen gespielt oder gekuschelt und im nächsten Moment krallen sie sich beißend an Armen oder Beinen fest.
Unsere Stubentiger haben öfter mal ihre „närrischen fünf Minuten“, in denen sie wie ein Blitz durch die Wohnung fegen und damit ihren Bewegungsdrang und ihre überschüssige Energie kompensieren. Außerdem trainieren sie damit ihre flinke Gewandtheit und ihr Reaktionsvermögen, also Fähigkeiten, die ihnen in freier Natur das Überleben sichern würden. Auch wenn Katzen auf dem Rücken liegen und man ihnen den Bauch streichelt, kommt es häufig zu einem sogenannten Beutereflex, indem sie die Hinterbeine gegen die vermeintliche Beute stemmen und vorn zubeißen. Diese Verhaltensweisen sind relativ normale Reaktionen bei unseren Hauskatzen.

Eine Belladonna-Katze hingegen zeigt eine latente Gereiztheit, die je nach Tagesform schnell in Aggression umschlagen kann, wie auf Knopfdruck und völlig unvermittelt.

Auch das Angreifen eines unsichtbaren Gegners beobachtet man häufig. Mit buschigem Schwanz und aufgestelltem Fell, um sich größer zu machen, wird gefaucht und gedroht, als stünde ein Erzfeind gegenüber, obwohl niemand vorhanden ist. Sogar der eigene Schwanz wird attackiert, als wäre er ein Feind. Nach solchen „Ausbrüchen“ wirkt die Belladonna-Katze oft selbst erschrocken und zieht sich verstört in eine dunklere Ecke zurück.

Dieses rätselhafte Verhalten ist für die Besitzer unbegreiflich, wirkt ihre Katze doch ansonsten relativ selbstbewusst, flink, frech und intelligent, wenn auch immer etwas zickig und sehr eigensinnig.

Der „unsichtbare Feind“ lauert aber in ihrem überspannten Nervensystem, das sehr empfindlich auf äußere Sinneseindrücke reagiert und in vereinzelten Fällen sogar epileptische Anfälle verursacht.

Lärm, grelles Licht, Hektik, ein Transport mit seinen Erschütterungen, aber auch die nächtliche Dunkelheit gehen einer Belladonna-Katze buchstäblich auf die Nerven. Schon der normale Alltag bedeutet also eine Belastung, zumal die äußere Fassade aus Selbstbewusstsein und Aggression auch noch zur Fehleinschätzung seitens ihrer Menschen führt. Obwohl sich dahinter eine schreckhafte, nervöse Grundnatur verbirgt, die ihren Stress, auch im Schlaf, kaum abbauen kann. Sie knurrt, zuckt und faucht, als würde sie dort weiter kämpfen müssen.

Auch körperliche Symptome kommen plötzlich und heftig. Koliken mit Verstopfung, Halsentzündungen, Schnupfen, Fieber, Husten und akute Gelenkentzündungen sind zu finden.

Der Umgang, auch bei den weniger extremen Fällen, erfordert einiges an Feingefühl, um die Stimmungsschwankungen besser einschätzen zu können. Auch vierbeinige Mitbewohner haben es nicht leicht mit dieser unausgeglichenen Persönlichkeit, mit Tendenz zur „Kratzbürste", die lieber Einzelkatze wäre, weil das Zusammenleben und die Konfrontation mit anderen „Pfoten" wieder in Stress ausarten können.

Vor Besuchern, die ihr zu nahe kommen könnten, flüchtet sie lieber. Sie bindet sich, wenn möglich, stark an eine weibliche Bezugsperson, die ihren Bedürfnissen gerecht werden kann. Streicheleinheiten, Spieleinheiten und Ruhepausen werden von einer Belladonna-Katze selbst bestimmt und eingefordert. Kontrolliertes Spielen ist ungemein wichtig, um die überschüssige Energie abzubauen. Das richtige Maß muss hier gefunden werden, um Überreaktionen zu vermeiden. Bei den ersten Anzeichen – oft merkt man es an dem fixierenden Blick – sollte das Spiel besser mit einem Leckerbissen beendet werden, damit es weiterhin positiv verknüpft wird.

Der ideale Lebensraum wäre deshalb ein ruhiges, geordnetes Umfeld, wenige vertraute Personen, wenig Überraschungen und ein geschützter Platz zum Zurückziehen. Die Belladonna-Katze braucht, sozusagen, eine „einschätzbare" Welt für ihr Wohlbefinden.

Eine Familie mit kleineren Kindern wäre nicht der richtige Ort für die nervösen Samtpfoten. Die Tiere sind hier durch das lebhafte Treiben vollkommen überfordert und werden letztendlich zu einer unberechenbaren Gefahr.

Eine dauerhafte Stabilität und innere Ausgeglichenheit wird man bei Belladonna-Tieren kaum erreichen können, durch einen gelassenen Umgang aber eine gewisse Grundzufriedenheit und auch häufigere Entspannungsphasen.

Fallbeispiel: Bella, vierjährige Perser-Mix-Dame

Der Name war wirklich Programm: Seit drei Monaten bemühte sich vor allem das neue Frauchen um die angriffslustige, unausgeglichene Schönheit. Die Rettung aus einem total überfüllten Katzenasyl dankte ihr Bella nicht wirklich.

Ging man zu nahe an ihr vorbei, stürzte sie sich – gar nicht damenhaft – auf die Beine, kratzte, fauchte, biss und klammerte sich dann so fest, dass man sie gar nicht mehr abschütteln konnte. Ich wurde vorher gewarnt, sodass ich gebührend Abstand hielt.

Beim Spielen sei sie recht flink und intelligent, man müsse aber immer aufpassen, dass es nicht in Aggression umschlage. Bei ihren kurzen Freigängen suche sie sich gern ein schattiges Plätzchen, wäre aber immer in der Nähe und bei Regen sofort im Haus. Trinken würde sie viel, aber mit dem Fressen sei sie heikel. Sanfte Berührungen waren nicht nach Bellas Geschmack. Wenn, dann sollte man schon fester zupacken. Bella machte auf mich einen selbstbewussten, aber angespannten Eindruck. Misstrauisch wurde ich aus der Entfernung gemustert. Die einfühlsame Halterin fragte sich verzweifelt, ob sie irgendetwas verkehrt machte im Umgang mit Bella und diese „Anfälle" mit ihr zu tun hätten.

Hier konnte ich sie beruhigen und ihr die hochgradige Sensibilität solcher Wesen erklären. Ein ruhiges, harmonisches Zusammenleben würde wohl noch einige Zeit dauern, aber die neuen Lebensumstände waren für Bella perfekt: Ruhe und Gelassenheit im Umgang, Freigang, wundervolle Spieleinheiten und ein stressfreies Umfeld. Gemeinsam mit Belladonna würde es die „Bella donna" wohl schaffen und ihre zweite Chance nutzen.

Anfangs tat sich nicht viel, aber nach vier Wochen waren ihre Aggressionen nicht mehr so heftig und seltener. Es ging also langsam bergauf.

Fazit

Dies war natürlich ein klassischer Fall, bei dem die Mittelfindung nicht schwer war. Vermutlich hatte das frühere Zusammenleben mit den zahlreichen Artgenossen Bellas Gleichgewicht sehr geschadet. Das neue harmonische Zuhause war für sie deshalb ein absolutes Happyend.

Tipp

Belladonna passt überwiegend auf weibliche Tiere. Bei entsprechender Übereinstimmung der Symptome kann es aber vereinzelt auch bei männlichen Tieren angezeigt sein. Die psychischen wie physischen Beschwerden treten immer plötzlich und heftig auf. Belladonna wird auch als Fiebermittel eingesetzt. Das „überhitzte" Grundtemperament ist deshalb ein guter Anhaltspunkt bei der Mittelfindung.

Calcium carbonicum – Schwerfällig und vorsichtig

Die Calcium carbonicum-Katze ist robust und strahlt Ruhe aus.

Inhaltsstoffe

- Kalziumkarbonat

Symptome

Calcium carbonicum ist ein Mineral aus Kalzium in Verbindung mit Kohlenstoff und Sauerstoff. Das herkömmliche Kalzium wird vom Organismus, vor allem für eine gesunde Knochenstruktur, dringend benötigt und mit der Nahrung aufgenommen. Bei Kalziummangel kann es zu Knochenwachstumsstörungen, Osteoporose (Knochenschwund) und Osteomalazie (Knochenerweichung) kommen. Für die homöopathische Potenzierung wird Kalzium aus der Austernschale gewonnen und hat einen großen Bezug zum Gewebeaufbau und Knochensystem.

Bewährte Indikation

- Zunehmende Furcht und Mutlosigkeit bei kräftigen, trägen Tieren
- Störungen des Knochenwachstums
- Neigung zu wiederkehrenden krustigen Ekzemen
- Anregung des Stoffwechsels
- Infektanfälligkeit bei übergewichtigen Tieren

Die Auster veranschaulicht die emotionale Seite von Calcium carbonicum sehr deutlich. Sie schützt ihre Weichheit durch die Schale und umschließt ein eingedrungenes Sandkorn, also eine Verletzung, mit Perlmutt.

Der Calcium carbonicum-Charakter

Der robuste Körperbau der meisten Calcium carbonicum-Tiere mit Hang zu Übergewicht scheint, oberflächlich betrachtet, auch auf ihr Gemüt zu passen. Sie machen einen etwas bequemen, ausgeglichenen Eindruck, als könnte sie so schnell nichts erschüttern. Katzen dieses Typs gehen alles etwas langsamer an, sie brauchen mehr Zeit für große und kleine Veränderungen.

Schon bei jungen Kätzchen fällt auf, dass sie sich insgesamt etwas später entwickeln als ihre Wurfgeschwister und nicht so flink und ausgelassen sind. Flexibilität und Schnelligkeit gehören auch künftig nicht zu diesen vorsichtigen, schüchternen Katzen. Durch ihr mangelndes Selbstbewusstsein reagieren sie eher zaghaft und abwartend auf neue Situationen, neue Menschen und Artgenossen. Sie „sitzen es aus", könnte man auch sagen, indem sie einfach gar nichts tun. Oder sie schlafen und fressen vermehrt, um sich auf diese Weise einem etwaigen Konflikt zu entziehen. Bescheiden und pflegeleicht wirken sie im Vergleich zu den, manchmal sehr anspruchsvollen, exzentrischen Vertretern ihrer Art. Sie fordern ihre Bedürfnisse nicht selbstverständlich ein, laufen einfach so nebenbei mit und wirken nicht unzufrieden. Dabei haben sie einen extrem weichen Kern und große Angst vor Verletzungen und Auseinandersetzungen, denen sie aus Selbstschutz möglichst aus dem Weg gehen. Ihre friedfertige Ausstrahlung und stattliche Erscheinung bieten auch aggressiven Artgenossen wenig Angriffsfläche.

Ein Calcium-Kater in einer Gruppe kann auf „pubertäre Rabauken" einen äußerst harmonisierenden Einfluss haben. Er fördert durch seine ruhige Ausstrahlung ein friedliches Miteinander, würde aber körperlich nie einschreiten und sich sofort unterwerfen, käme es doch zum Kampf.

Harmonie ist das Zauberwort dieser von Grund auf angenehmen, ruhigen Wesen und sie geraten deshalb in schwierigen Lebenssituationen leicht aus dem Gleichgewicht. Sie hängen sehr an der gewohnten Umgebung und an ihrer Familie, mögen die Sonne und sind nicht wählerisch beim Futter. Mit Verlust, Trennung, Umzug oder Streit innerhalb der Familie kommen sie schlecht klar. Auch ein liebloser, grober Umgang verletzt die gutmütigen Katzen sehr und hängt ihnen lange nach. Sie reagieren darauf mit großer Unsicherheit und entwickeln mehr und mehr Ängste. Beispielsweise wollen sie dann bei Dunkelheit, Wind und Regen nicht mehr ins Freie oder sie flüchten vor Insekten. Auch Stoffwechsel-, Haut- und Fellprobleme sind häufig Anzeichen für ein allgemeines Ungleichgewicht.

Dies alles entwickelt sich, typisch für Calcium carbonicum, langsam und schleichend und wird meist gar nicht wahrgenommen, weil die Tiere immer noch um ihre heile Welt bemüht sind und brav und unauffällig wie immer scheinen. Nie zeigen sie sich gereizt und übellaunig oder gar verzweifelt.

Katzen haben allgemein feine Antennen für die Seelenlage ihrer Bezugspersonen und spüren genau, wenn es diesen nicht gut geht. Calcium-Katzen aber sind wahre Seelentröster. Sie suchen dann immer die Nähe, schmeicheln und schnurren vermehrt und legen sich bei Bedarf gern auf den Schoß. Ihre Fürsorge wirkt nicht aufdringlich. Sie warten ruhig, aber ausdauernd ab, ob ihre Gesellschaft gewünscht wird, sind dann aber sofort zur Stelle.

Im Tierheim sind diese sanften Tiere nach Eingewöhnung keine Problemfälle. Sie sind freundlich zu jedermann, freuen sich über Zuwendung und schlafen viel. Wie die Auster zeigen sie ihre tiefe Verletzung über das verlorene Zuhause nicht nach außen, sondern verschließen sie in sich.

Am wohlsten fühlen sie sich in einer intakten Familie mit Kindern. Da kommt ihr wunderbarer Charakter erst richtig zur Geltung. Sie blühen auf beim Spiel mit den Kindern, kümmern sich richtig um sie und tragen ihnen nichts nach. Auch der träge Stoffwechsel kommt durch mehr Bewegung und Beschäftigung etwas in Schwung und fördert die Vitalität. Wenn die ganze Familie versammelt ist, ist ihr Bedürfnis nach Geborgenheit und Sicherheit erfüllt. Wenn sie dazu gehören, wahrgenommen und freundlich behandelt werden, sind diese gemütlichen Miezen eine wahre Bereicherung für jede Familie.

Fallbeispiel: Carlo, vierjähriger schwarzer Kater

Der gutmütige Prachtkater Carlo lebte schon einige Jahre bei einem älteren Ehepaar. Er hatte anscheinend sein Paradies gefunden und konnte es auch genießen. Gern lag er im Garten in der Sonne, war lieb und brav und gab nie Anlass zur Sorge – bis plötzlich ein weiterer Notfall Einzug hielt. Nico, ein etwas anstrengender Siamkater, forderte nun lautstark seine Bedürfnisse ein und verdrängte Carlo mehr und mehr aus seinem Paradies. Auch körperliche Angriffe musste er erdulden und reagierte mit Flucht und Rückzug. Immer häufiger war er in seinem Kellerversteck zu finden und machte einen sehr verstörten Eindruck. In die Wohnung traute er sich nur noch, wenn Nico nicht anwesend war.

Für das Ehepaar war es traurig, das mit anzusehen, zumal sie so gern Notfälle aufnahmen. Carlo, den wir beim Hausbesuch erstmal suchen mussten, bekam Calcium carbonicum und wurde etwas mutiger. Nun wehrte er sich schon mal gegen den frechen Nico, der auch ein passendes Mittel bekam. Trotzdem war die Situation angespannt und der häusliche Frieden nicht mehr gegeben. So wurde schweren Herzens ein neuer Platz für Nico gesucht, was im Nachhinein die richtige Entscheidung war. Carlo wurde wieder „ganz der Alte“ und bekam später charmante weibliche Gesellschaft, mit der er sich richtig wohlfühlte.

Fazit

Dieses Beispiel zeigt, wie der scheinbar robuste Calcium carbonicum-Typ auf Störungen seiner Privatsphäre reagiert. Er pocht nicht auf seine Rechte, sondern entzieht sich der belastenden Situation, so gut es geht. Ein homöopathisches Mittel kann zwar ausgleichen, aber es kann keine Lebensumstände richten oder den Grundcharakter verändern. Deshalb ist manchmal eine Trennung die richtige Lösung.

Tipp

Da Calcium carbonicum einen positiven Einfluss auf den Kalkhaushalt hat, passt es auch für junge „Spätentwickler“. Nicht immer müssen es kräftige Tiere sein, der psychische Zustand hat bei der Mittelwahl stets einen höheren Stellenwert als das äußere Erscheinungsbild. Graphites gehört auch zu den gemütlichen Typen, ist aber nicht gar so freundlich und weitaus phlegmatischer.

Chamomilla - Streitsüchtige Zicke

Chamomilla-Katzen können überempfindlich auf Umweltreize reagieren.

Inhaltsstoffe

- Ätherische Öle (Bisabol, Chamazulen)
- Flavonoide
- Schleimstoffe

Symptome

Matricaria chamomilla, die Echte Kamille, war schon im Altertum als Heilpflanze bekannt. Die Kamille beeinflusst das gesamte Nervensystem und die Schleimhäute. Das enthaltene Bisabol wirkt krampflösend, die Flavonoide und Schleimstoffe wirken schmerzstillend und entzündungshemmend.

Bewährte Indikation

- Zornig und ruhelos auch bei geringen Beschwerden
- Magen-Darm- und Blähungskoliken
- Bronchitis mit Krampfhusten
- Uteruskrämpfe, auch während Geburtsvorgang
- Störungen der Milchsekretion
- Zahnungsbeschwerden
- Motorische Störungen durch Erregung

Das gereizte Nervensystem ist verantwortlich für die gereizte Stimmungslage, in der auch Gefühle übersteigert empfunden werden.

Der Chamomilla-Charakter

Katzen im Chamomilla-Zustand – vielfach sind es Weibchen – sind schwer zu ertragen und leicht zu erzürnen. Von Natur aus schon überempfindlich gegenüber Gerüchen, Musik, grellem Licht und Lärm werden sie in schwierigen Lebenslagen zu wahren Despoten, die keinerlei Widerspruch dulden und schnell in Wut geraten. Klagend fordern sie, auch nachts, Zuwendung und wollen die ganze Zeit herumgetragen werden oder auf den Schoß. Will man sie verbal trösten und beruhigen, werden sie richtig jähzornig und können dabei in ihrer Erregung körperlich derart verkrampfen, dass es zu sogenannten Konvulsionen (Schüttelkrämpfe) kommen kann.

Auch körperlich alles andere als robust vertragen sie keinen Wind und keine Kälte. Bevorzugt werden feuchtwarmes Wetter und manchmal lokale Wärmeanwendungen. Da sie zu Magen- und Darmproblemen mit Blähungskoliken neigen, kann eine Wärmflasche sehr hilfreich sein. Vor der Dunkelheit haben sie Angst und beim Tierarzt können sie, schreiend vor Furcht, auch urinieren.

Katzen wollen allgemein gern hofiert werden. Es spricht auch nichts dagegen und vielfach ist es der Schlüssel zu ihrer Seele. Eine Chamomilla-Katze aber provoziert die Aufmerksamkeit auch auf negative Weise durch Zerkratzen der Möbel, Zerreißen der Polster oder auch Unsauberkeit. Dann muss sich die „Dienerschaft“ zwangsläufig mit ihren Untaten beschäftigen und sie steht wieder im Mittelpunkt. Von fremden Menschen lässt sie sich hingegen gar nicht anfassen und flüchtet.

Das einzig Beruhigende ist, dass dieses überspannte Verhalten in den meisten Fällen vorübergehend ist und seinen Ursprung in vorangegangenen Belastungen wie Krankheit, Operation oder Familienzuwachs hat. Nach solchen Erfahrungen scheinen die Tiere sehr verändert und entwickeln ihre „Allüren“.

Schon die geringsten Schmerzen bringen sie zum Jammern, sodass beispielsweise eine Zahnsanierung für alle Beteiligten zur Tortour wird. Ist alles überstanden, fordern die unausgeglichenen Persönlichkeiten die gewohnte Fürsorge und bestehen weiterhin auf ihren Privilegien.

Bedingt durch ihre Eifersucht dulden sie auch keine Konkurrenz, sei es tierische oder menschliche. Alles, was ihren Status gefährden könnte, ist für sie eine Bedrohung. Ständige Rangkämpfe, ständiges Markieren, auch auf die Kleidung der nicht akzeptierten menschlichen Nebenbuhler, sind die Folge.

Nun stellt Unsauberkeit sehr oft eine Entlastungsreaktion unserer Katzen dar und entsteht nicht zwangsläufig aus Trotz. Vielfach gibt es körperliche Ursachen oder es steckt echter Kummer dahinter. Bei einer „Chamomilla-Zicke" ist es aber eine Trotzreaktion, weil sie sich in ihrer Machtposition zurückgesetzt fühlt.

Genau hier, bei der Machtposition, liegt der Ansatzpunkt im Umgang. Es besteht eine große Abhängigkeit und Anhänglichkeit gegenüber den Besitzern. In guten Phasen sind Katzen dieses Typs lieb und verschmust und brauchen den körperlichen Kontakt. Da sie alles andere als mutig sind, ist für ihre Kapriolen die menschliche Rückendeckung nötig. Ohne diesen Schutz sind sie sehr schnell ängstlich, sogar unterwürfig und suchen in ungewohnten Situationen das Weite.

Langsam, aber konsequent hilft deshalb nur die schrittweise Reduzierung einiger erschlichener Privilegien. So lernen sie allmählich, etwas Frust zu ertragen, und dass davon die Welt nicht untergeht. Bei Katzen ist das leichter gesagt als getan, deshalb sind kleine Veränderungen sinnvoll, die von den sensitiven Samtpfoten recht schnell registriert werden. Die Besitzer sollten wieder mehr agieren, statt nur auf die Wünsche zu reagieren. Einfaches Ignorieren oder Schimpfen wäre zu verletzend und kontraproduktiv, weil dadurch wieder der Zorn angefacht und sich an anderer Stelle entladen würde.

Die eventuell vorhandenen anderen Katzen zu bevorzugen wäre auch der falsche Weg, weil man damit in die Rangordnung, die auch unter Katzen besteht, eingreifen würde. Das Spielen und Kuscheln selbst zu beginnen und zu beenden wäre ein Anfang oder alternativ zum gewünschten Herumtragen einen neuen gemütlichen Platz herrichten und anbieten. Man sollte aber nicht zu viel auf einmal ändern, sondern ruhig und souverän die eingefahrenen Gleise auf positive Art verlassen.

Chamomilla hilft, die schlechte Laune zu reduzieren, und macht die Tiere wieder zugänglicher und toleranter in ihrem Sozialverhalten. Dann können sie wieder ihre liebenswerte Seite zeigen. Ein bisschen Eigensinn gehört nun mal zu jeder Katze.

Fallbeispiel: Lilly, achtjährige Tigerkatze

Der Grund meines Besuchs bei Lilly war der neue Lebenspartner ihres geliebten Frauchens. Seit dieser des Öfteren auch über Nacht blieb, erwartete ihn morgens häufig eine böse Überraschung: Lilly pinkelte regelmäßig auf seine abgelegte Kleidung und wurde insgesamt immer unleidlicher und quengeliger.

Die Gesamtsituation war sehr angespannt, da der neue Freund immer ärgerlicher wurde, Frauchen immer trauriger und Lilly immer launischer. Auch vorher war sie schon sehr kompliziert und wehleidig, wie mir berichtet wurde. „Beim kleinsten Zipperlein wollte sie gehegt und gepflegt werden." Nun wollte sie ihren Thron keineswegs kampflos aufgeben und ließ sich ständig neue Missetaten einfallen. Die Pflanzen wurden attackiert, die Möbel wurden bearbeitet und an den Teppichen wurden die Krallen geschärft.

Lilly war genervt und die dauernden Zurechtweisungen machten alles nur noch schlimmer. Lillys bisherige Privilegien zu reduzieren, war hier nicht die Lösung, weil die Umstellung schon Stress genug für sie war. Es konnte nur klappen, wenn sich der „Eindringling" trotz aller Vorbehalte um Lillys Gunst bemühte.

Die Begeisterung über meinen Vorschlag hielt sich in Grenzen, trotzdem sollte es versucht werden. Mit unwiderstehlichen Katzenleckerchen wurden positive Rituale und neue Spiele eingeführt, um „Prinzessin Lilly" gnädig zu stimmen. Der Umgang wurde wieder liebevoller und die Kleidung in Sicherheit gebracht.

Chamomilla wurde verabreicht und langsam entspannte sich die Lage. Lilly ließ sich nun auch von dem neuen Mitbewohner verwöhnen und wurde – für ihre Verhältnisse – wieder zufriedener. Ich empfahl dennoch, später etwas an Lillys Machtansprüchen zu arbeiten.

Fazit

Lillys Verhalten hatte schon eine typische, negative Spirale in Gang gesetzt, die dringend unterbrochen werden musste, um nicht dramatisch zu enden. Für einen positiven Neuanfang musste sich die Situation erst wieder etwas entspannen. Außerdem zeigt Lillys Fall, dass es kein Patentrezept gibt, sondern zusammen mit den Besitzern besser eine individuelle Lösung gefunden wird, mit der alle leben können.

Tipp

Katzen, die sich vorher gut verstanden haben und plötzlich eine Feindschaft entwickeln, können durch Chamomilla wieder verträglicher werden. Außerdem ist es auch ein gutes Mittel für launische Jungtiere, vor allem während des Zahnwechsels und für gereizte „Mamis“ vor, während, und nach der Geburt, wenn sie ihren Jungen keine Milch geben wollen.

Graphites - Faul und phlegmatisch

Die Graphites-Katze beobachtet gern alles von ihrem Lieblingsplatz aus.

Inhaltsstoffe

- Grafit oder Reißblei

Symptome

Graphites wird aus dem natürlichen Mineral Grafit gewonnen. Es besteht hauptsächlich aus kristallisiertem Kohlenstoff. Grafit, bekannt von den Bleistiften, wird vorwiegend als Werkstoff in der Industrie eingesetzt und als weich und reaktionsträge beschrieben. Anfang des neunzehnten Jahrhunderts wurde es als äußerliches Heilmittel gegen Flechten erwähnt. Samuel Hahnemann pulverisierte für die homöopathische Herstellung damals noch die Bleistifte.

Bewährte Indikation

- Verlangsamter Stoffwechsel bei übergewichtigen Tieren mit Haut- und Fellproblemen
- Ekzeme mit klebrigen, honigartigen Absonderungen
- Gehörgangsekzeme
- Chronische Gastritis durch Übersäuerung und Verstopfung
- Gerstenkorn
- Chronischer Schnupfen

Die physikalischen Eigenschaften von Graphites, also träge und weich, bestimmen auch vorrangig das psychische Mittelbild in der Homöopathie.

Der Graphites-Charakter

Der typische Graphites-Kater – häufig sind es männliche Tiere – wird von seinen Besitzern oft sehr treffend als faul und gefräßig beschrieben. Man findet ihn, meist liegend, auf seinem sonnigen Lieblingsplatz, wo er dösend den Tag verbringt. Überraschend flink wird er nur, wenn es Zeit für das Futter ist.

Schon als junger Kater zeigt er wenig Bewegungsdrang und seine Energie ist schnell verbraucht. Er scheint zufrieden, wenn er den anderen beim Spielen zusieht, ist aber der Erste beim Fressen. Nun sind Katzen allgemein „Meister des Nichtstuns" und schlafen bis zu vierzehn Stunden, verteilt auf den Tag. Ein Graphites-Kater ist aber auch im Wachzustand auffallend träge.

In späteren Jahren entwickelt er sich zu einem großen, schweren Prachtkater, der durch sein Respekt einflößendes Äußeres und seine „Buddha-Natur" hohes Ansehen in Katzenkreisen genießt. Er wird von kampflustigen Jungspunden in Ruhe gelassen, was ihm sehr gelegen kommt.

Der träge Stoffwechsel führt auf Dauer häufig zu Haut- und Fellproblemen oder auch Verdauungsstörungen. Bedingt durch den harten, schwer abgehenden Kot entstehen manchmal Risse und Schrunden am After, die einen extremen Juckreiz auslösen können. Insgesamt ist alles etwas angestaut, trocken und verstopft und kommt nicht richtig in Schwung. Das zeigt auch die träge, mentale Verfassung.

Geistig wenig belastbar sind Graphites-Kater nicht interessiert an einfachen Denkaufgaben. Das zeigt sich deutlich beim Spielen. Versteckt man ihnen ein Leckerli, geben sie die Suche sehr schnell auf. Das liegt daran, dass sie sich selbst nichts zutrauen und sich schwer tun mit jeglicher Art von Entscheidung. Sie sind dann schnell überfordert und wenden sich wieder ihrer Lieblingsbeschäftigung zu: dem Nichtstun. Draußen im Freien wird man kaum einen Graphites-Kater beim stundenlangen Mäusejagen beobachten können. Die flinken Nager sind ihm viel zu anstrengend. Er hat dafür keine Ausdauer und somit auch keine Erfolgserlebnisse.

Durch seine Schreckhaftigkeit ist er schnell in seiner Ruhe gestört und dadurch manchmal etwas gereizt und nervös, verfügt aber allgemein über einen gutmütigen Grundcharakter. Sein beeindruckendes Äußeres täuscht etwas, weil er grundsätzlich eher furchtsam ist und nichts Gutes erwartet. Es scheint, als wäre das Leben mit seinen Anforderungen insgesamt zu anstrengend für ihn und er flüchtet etwas melancholisch in sein Phlegma.

Auch körperlich ist er wenig widerstandsfähig, sondern sehr kälteempfindlich, mag die Sonne, verträgt es aber auch nicht zu warm. Gern lässt er sich im Dunkeln zudecken, weil ihm künstliches Licht unangenehm ist.

Im Tierheim zieht er sich extrem zurück und ist innerlich sehr angespannt, obwohl er äußerlich immer noch ruhig und gelassen wirkt. Er zeigt wenig Kontaktbedürfnis gegenüber seinen Artgenossen oder Fremden und kompensiert seinen Frust wieder mit Fressen und Schlafen. Da er sich gern in eine Höhle verkriecht, bekommen eventuelle Besucher den imposanten Kerl kaum zu Gesicht und die Vermittlung kann dauern.

Dabei wären neuer Lebensschwung, Freude und etwas Bewegung so nötig für das Allgemeinbefinden dieser „Faultiere“. Kommen nämlich Kreislauf und Stoffwechsel etwas in Bewegung, holt man sie auch aus ihrem dumpfen Trübsinn und sie werden etwas agiler und fröhlicher. Man sollte sie deshalb immer wieder zum Spielen motivieren und dabei auf Abwechslung achten. Also öfter neues Spielzeug oder mal Baldrianmäuse anbieten und bei Freigängern auch draußen für etwas Beschäftigung sorgen. So verhindert man, dass sie wieder in ihre abgestumpfte Langeweile versinken, beschert ihnen Erfolgserlebnisse und beugt gesundheitlichen Folgeschäden vor. Auch tierische Gesellschaft im passenden Alter kann helfen.

Ein lebhaftes Zuhause mit Kindern wird ihnen nicht behagen, weil sie ihre ausgedehnten Ruhepausen zur Entspannung brauchen. Menschen, die eine angenehme, ruhige Katze ohne viel Ansprüche und besondere Eigenheiten bevorzugen, sind aber genau richtig, solange sie ein Augenmerk auf die Gesundheit richten.

Eine Graphites-Katze ist einfach gern im Kreis ihrer Lieben, will mit eingebunden werden und bringt regelrecht Gemütlichkeit ins Haus.

Fallbeispiel: Balou, siebenjähriger Karthäuser-Mix

Ein stattlicher „Knuddel-Kater" beäugte mich bei meinem Besuch misstrauisch. Die Besitzerin, eine ältere Dame, machte sich Sorgen, weil er nur noch den ganzen Tag dösen und sich auch nicht mehr am Spielen mit den beiden anderen Katzendamen beteiligen würde. „Irgendwie scheint ihn nichts mehr so richtig zu interessieren", klagte die Besitzerin.

Als Freigänger war er oft den ganzen Tag auf der Terrasse der freundlichen Nachbarn zu finden, wo er sich auf die Bank kuschelte. Er sah gern dem Treiben zu, wenn die Kinder spielten oder auch wenn gegrillt wurde. Nichts konnte ihn aus der Ruhe bringen und zu Hause war es ihm anscheinend etwas langweilig. Auch wenn er sich nicht beteiligte, genoss er die Gesellschaft und wollte dabei sein. Nur das Klappern der Futterbox brachte ihn am Abend auf Trab. Er wartete immer, bis Frauchen ihn abholte.

Gesundheitlich hatte der Tierarzt nichts feststellen können. Auch die Schilddrüse, die – oft unbemerkt – bei einer Unterfunktion ähnliche Symptome auslöst, war in Ordnung.

Dass Balou wartete, bis er abends abgeholt wurde, war wohl der Schlüssel. Dies war das einzige Ritual, bei dem es ausschließlich um ihn ging. Ansonsten ging er neben den anspruchsvollen Weibchen ziemlich unter und lief so nebenher, obwohl er sich insgeheim mehr Beachtung wünschte.

Ich riet also zu mehr Beschäftigung, mehr Beachtung und mehr „Balou-Ritualen". Frauchen sollte ihn ein bisschen von seinem Stammplatz weglocken und ein Alternativprogramm anbieten, sei es mit Spielen, Fellpflege oder auch mit Schmuseeinheiten. Außerdem bekam er Graphites und vier Wochen später wurde mir von den ersten Erfolgen berichtet. Balou spielte wieder öfter, wenn auch nur kurz, mit den Weibchen und wirkte nicht mehr so gelangweilt. Er genoss die zusätzliche Aufmerksamkeit sehr und Frauchen hatte eine Aufgabe mehr.

Fazit

Beachtung ist für jede Katze ein Grundbedürfnis, auch wenn sie diese nicht einfordert. Oft sind es kleine Rituale, die die Freundschaft erhalten und damit den häuslichen Frieden gewährleisten. Bei Katzen müssen oftmals wir Menschen den ersten Schritt tun und das ist, aus Katzensicht, durchaus angemessen. Balou hatte einfach gern „Kino“ und suchte sich selbst seine Unterhaltung.

Tipp

Auch Calcium carbonicum hat diese Gemütlichkeit, aber insgesamt noch mehr Energie, Lebensfreude und mag auch Kinder. Graphites ist ein Mittel, das langsam, aber dafür nachhaltig seine Wirkung entfaltet. Deshalb zeigt sich eine positive Veränderung im Allgemeinbefinden auch erst allmählich.

Ignatia - Kummer und Rückzug

Die Ignatia-Katze ist immer etwas in sich gekehrt.

Inhaltsstoffe

- Alkaloide (Strychnin, Brucin)
- Glykosid (Loganin)
- Kaffeesäure

Symptome

Die Nervengifte Strychnin und Brucin, die in Strychnos ignatii oder der Ignazbohne enthalten sind, wirken extrem erregend auf das zentrale Nervensystem. Die Vergiftung führt deshalb zu Symptomen wie Atemnot, Zittern, starken Muskelkrämpfen und Angstzuständen. Letztendlich folgt der Erstickungstod durch Atemlähmung. Früher wurde Strychnin in schwacher Dosierung bei Lähmungen, Kreislaufstörungen und allgemeinen Schwächezuständen eingesetzt.

Bewährte Indikation

- Heimweh und stiller Kummer
- Widersprüchliche, unberechenbare Stimmungswechsel
- Widersprüchliche körperliche Symptome als Folge von Kränkung und Kummer (zum Beispiel Übelkeit wird durch Essen besser)
- Muskelzuckungen und -krämpfe
- Scheinschwangerschaft

Auch die körperlichen Beschwerden werden überwiegend durch vorangegangene emotionale Belastungen ausgelöst.

Der Ignatia-Charakter

Ignatia ist in der Homöopathie die große „Kummerarznei“ und wird dann benötigt, wenn unglückliche Erlebnisse wie Verlust, Enttäuschung oder Kränkung nicht verarbeitet werden. Dann können sich sensible Katzenseelen zum Ignatia-Typ entwickeln. Ursprünglich lieb, brav und eher ruhig, binden sie sich sehr an ihre Besitzer und ihr Zuhause, wenngleich sie sich gern etwas zurückziehen. Ein wenig in sich gekehrt wirken sie immer und sind außerdem schreckhaft, geräuschempfindlich und manchmal etwas launisch. Es mangelt ihnen nicht an Selbstbewusstsein und auch nicht – ganz katzentypisch – an eigenem Willen.

Gibt es Situationen oder Erlebnisse, die sie nicht verkraften können, ziehen sie sich vollständig in ihren Kummer zurück, wobei die Stimmungen ziemlich wechselhaft sein können. Auf ständiges Seufzen und Jammern mit nervöser Unruhe folgt wieder stille, abwesende Melancholie, als würden sie vor sich hingrübeln.

Bei Neuzugängen im Tierheim ist dieser Zustand – vorwiegend bei weiblichen Katzen – häufiger anzutreffen. Der Verlust ihrer Bezugsperson und ihres Heims hat die armen Tiere vollkommen aus der Bahn geworfen und sie reagieren mit totalem Rückzug. Sie wünschen keinen Kontakt und keine Zuwendung, weder von Menschen noch von Artgenossen. Ihr Stolz ist trotzdem noch sehr ausgeprägt, deshalb wollen sie auch keinen Trost annehmen. Sie wollen nur in Ruhe gelassen werden und diesen Wunsch sollte man ihnen die ersten Tage auch erfüllen.

Sie brauchen viel Wärme, gähnen viel und schlafen besser unter einer schützenden Decke, obwohl der Schlaf meist sehr unruhig und leicht ist. Auch neigen sie zu Entlastungsreaktionen wie ständigem Lecken oder Unsauberkeit. Das Lecken kann richtigen Suchtcharakter entwickeln, sodass nach einiger Zeit das Bäuchlein oder die Innenseiten der Schenkel ganz kahl sind. Außerdem ist Unsauberkeit bei Ignatia-Katzen ein häufiger Abgabegrund und sie landen deshalb im Tierheim.

Man kann, wenn keine gesundheitlichen Gründe vorliegen, davon ausgehen, dass es einen entsprechenden Auslöser gab, mit dem die Tiere nicht fertig wurden. Sie werden nicht aus Trotz unsauber, sondern zeigen damit, dass sie mit irgendetwas in ihrem Umfeld große Probleme haben. Manchmal ist es aus Unwissenheit ein zu grober Umgang der Kinder, manchmal spielt Verlust in irgendeiner Form eine Rolle, manchmal auch Kränkung oder Eifersucht.

Schimpfen und Strafen sind dann fehl am Platz, weil sie die Kränkung noch vertiefen bei diesen empfindsamen, nachtragenden Persönlichkeiten. Besser wäre es, das Verhalten eine Zeit lang genau zu beobachten, um einen eventuellen Ansatz zu finden.

Auch die Trennung von ihren Welpen kann eine fürsorgliche Katzenmutter in den depressiven Ignatia-Zustand stürzen. Obwohl die Jungen reichlich Nerven gekostet haben, ist die plötzliche Ruhe dann doch zu extrem.

Emotionale Belastungen gehen an unseren feinsinnigen „Pfötchen“ nicht spurlos vorüber und sie brauchen dann einige Zeit, um wieder Kraft zu tanken. Dies gilt auch für die Eingewöhnung in ein neues Zuhause. Ältere Katzen brauchen länger, um sich neu zu orientieren und wieder Vertrauen zu fassen. Am besten lässt man sie selbst entscheiden, wann sie wieder bereit sind für Kontakt und Zuneigung.

Verfestigt sich die Depression aber mehr und mehr, sollte man für positiven Ausgleich sorgen in Form von neuen Reizen. Beispielsweise kann man einen neuen Kratzbaum oder bei Wohnungskatzen einen gesicherten Fensterplatz einrichten, damit sie auch frische Luft genießen können. Es geht darum, sie aus ihrer selbst gewählten Melancholie und Isolation zu befreien und ihr Interesse am Leben wieder zu erwecken.

Auch Katzengesellschaft kann helfen. Man braucht aber Geduld, weil Ignatia-Katzen zur Eifersucht neigen und sich vielleicht wieder verschließen. Bei einem Neuzugang sollte deshalb immer das angestammte Tier bevorzugt werden, um Rivalitäten vorzubeugen. Später wird es sowieso untereinander entschieden.

Ignatia hilft, den Kummer zu überwinden und neue Lebensfreude zu empfinden. Es ist wunderbar, mitzuerleben, wenn ein Tier wieder „auftaucht“ aus seinem Trübsinn, mehr Kontakt sucht und wieder öfter schnurrend sein Wohlbefinden zeigt.

Männliche Tiere sprechen bei Kummer eher auf das Mittel Natrium chloratum an. Die Traurigkeit bei Ignatia ist außerdem meist noch „frischer“. Bei Natrium chloratum kann der Kummer auch schon länger zurückliegen.

Fallbeispiel: Sunny, neun Monate alt, grau, von der Katzenhilfe

In einer Mülltonne wurde der Wurf gefunden und dann zur Katzenhilfe gebracht. Alle Katzenbabys konnten gut vermittelt werden, auch Sunny mit den weißen Pfötchen. Ein halbes Jahr war sie bereits auf ihrem neuen Platz. Richtig gesund war sie allerdings nie, wie Frauchen berichtete. Immer wieder litt sie unter Blasenentzündung und auch Verdauungsbeschwerden.

Als überempfindlich wurde sie mir beschrieben, psychisch wie physisch. Sie sei ein richtiger Morgenmuffel und wirke immer sehr introvertiert und still. Das Körbchen, direkt an der Heizung, sei ihr Lieblingsplatz.

Unfähig, Aufmerksamkeit und Zuneigung einzufordern, äußerte sich ihr Ungleichgewicht durch ständiges Fellputzen. An der Innenseite der Oberschenkel war das Fell schon ganz schütter.

Bei meinem Besuch saß sie nur still da, wie eine wunderschöne kleine Porzellankatze, und beobachtete mich mit eindringlichem Blick. Das erlittene Unrecht und die Trennung von den Geschwistern waren trotz des guten Endes nicht überwunden. Sie brauchte dringend Ignatia und dringend Kater-Gesellschaft, auch weil sie täglich mehrere Stunden allein war.

Erst musste Frauchen davon überzeugt werden und nach dem Einzug von Willy, einem charmanten, angenehmen Zeitgenossen, musste Sunny überzeugt werden. Nach anfänglichem kühlen Desinteresse erlag sie aber bald seinem Charme und taute immer mehr auf. Ihre gesundheitlichen Probleme, die wir zusätzlich homöopathisch behandelten, verschwanden zügig.

Fazit

Es war nötig, Sunny, deren seelische Probleme sich schon körperlich auswirkten, ein bisschen zu ihrem Glück zu zwingen, um ihr aus ihrer Verschlossenheit zu helfen. Gut, dass es solche Gentleman wie Willy unter den Katern gibt. Willy hatte Sunnys Gemütsverfassung gleich zu Anfang richtig erkannt und entsprechend darauf reagiert. Er hatte das perfekte Timing in Bezug auf Annäherung und Zurückhaltung. Solche Kater bringt so schnell nichts aus der Ruhe und sie zeigen uns Menschen, was Geduld und Zuversicht bewirken können. Manchmal sind eben Artgenossen die besten Therapeuten.

Tipp

Ignatia hat eine regulierende Wirkung auf den Hormonhaushalt. Bei rolligen Katzen in fast schon hysterischem Zustand kann es etwas Abhilfe schaffen, auch vorbeugend. Auf Dauer sollte man diesen Zustand keiner Katze oft zumuten und angesichts der hohen Katzenpopulation eine Kastration vorziehen.

Lachesis - Launisch und reserviert

Die Lachesis-Katze ist sich ihrer Schönheit bewusst.

Inhaltsstoffe

- Hämolysine
- Hämagglutinine
- Koaguline
- Antikoaguline
- Neurotoxine
- Zytolysin

Symptome

Die Proteine im Gift der Lachesis muta oder Buschmeisterschlange sind verantwortlich für die Zersetzung der roten Blutkörperchen und eine verzögerte Blutgerinnung nach einem Biss. Das hat die typischen septischen blauroten Entzündungen der Wunden zur Folge. Hinzu kommen Fieber, Schüttelfrost, beschleunigter Puls und Apathie.

Bewährte Indikation

- Virus- und Infektionserkrankungen
- Thrombosen- und Embolieprophylaxe nach Operationen
- Ulzerationen mit entsprechender Hautfärbung
- Mastitis mit Blaufärbung
- Schwächeanfälle mit Kollapsneigung, Schwindel und Fieber, auch toxisch bedingt
- Verhaltensauffälligkeit nach Kastration oder Hormonbehandlung

Die giftige Komponente findet sich ebenso auf der Verhaltensebene in aggressiven Tendenzen.

Der Lachesis-Charakter

Eine Lachesis-Katze vereint sozusagen alle bekannten Klischees, die über Katzen im Umlauf sind: kapriziös, stolz, schlau, trotzig, egoistisch, flink, selbstsicher und sich ihrer Schönheit voll bewusst. Sie ist ein wahrer Freigeist, lässt sich gern bewundern und hofieren und „erzieht" ihr Umfeld zur perfekten Dienerschaft ihres Königreiches. Die Besitzer haben neben solch einer „Diva" oder solch einem „Pascha" oft das Gefühl, dass sie nur nötiges Beiwerk sind, aber sonst irgendwie die Kreise der „Majestäten" stören.

Aus menschlicher Sicht würde man diese Charaktere wohl als exaltiert bezeichnen. Aus Sicht der Katze ist das Verhalten weniger spektakulär und wohl nur ein Ausdruck ihrer individuellen Unabhängigkeit.

Es scheint, diese schlauen Persönlichkeiten haben ein untrügliches Gespür für das richtige „Personal", sie landen deshalb meistens in einem passenden Haushalt, in dem sie selbstverständlich sämtliche Freiheiten genießen.

Es besteht ein gewisser Hang zum Phlegma. Die Energien werden nur bei Bedarf gezielt eingesetzt und damit die fehlende Ausdauer kaschiert. Sie nutzen ihre hohe Intelligenz geschickt, um andere auszutricksen, was oft als hinterlistig fehlinterpretiert wird. Dabei sind sie einfach sehr schlau und bündeln ihre Kräfte.

Körperlich besteht eine Neigung zu entzündlichen Prozessen und fieberhaften Infekten. Sie mögen es lieber kühl, sind auch gern mal allein und lieben die frische Luft. Sie sind durchaus anschmiegsam und zutraulich, bestimmen aber den Zeitpunkt und die Dauer der gewünschten Streicheleinheiten selbst. Ein anhängliches, bedürftiges Schmusekätzchen wird eher nicht aus ihnen.

Nach dem Schlaf sind sie etwas unleidlich, gegen Abend werden sie munterer und zwei Leitsymptome wird man immer erkennen: die Eifersucht und den ausgeprägten Futterneid. Sie wollen keine anderen „Götter" neben sich und werden streitsüchtig und zornig gegenüber Artgenossen oder auch menschlichen Eindringlingen. Zieht ein Baby ein, sollte man immer ein Auge auf sie haben und keinesfalls ihre Privilegien reduzieren. Besser mit kleinen Leckerbissen ihre Laune auffrischen, um die Eifersucht im Zaum zu halten. Kommt die Lachesis-Katze als Zweitkatze hinzu, wird sie sich sehr schnell ihren vorrangigen Status erobern, auch mit aggressiven Mitteln.

Die Welt einer Lachesis-Katze lässt sich eigentlich auf einen Satz reduzieren: „Alles ist gut, solange es nach meinem Willen geht." Niemals wird sich eine Katze dieses Typs unterordnen oder anbiedern. Sie quittiert jeden Erziehungsversuch mit gelangweiltem Blinzeln und zieht beleidigt von dannen. Irgendwann kapitulieren auch die ehrgeizigsten Menschen angesichts dieser Konsequenz und lassen sich letztendlich gern um den Finger wickeln.

Aufgrund all ihrer Eigenschaften bricht ihre Welt natürlich zusammen, sobald sie ihr Daheim verliert. Plötzlich ist sie im Tierheim oder Pflegeplatz nur noch eine unter vielen. Sie wird gezwungen, mit permanenter Gesellschaft auszukommen, und wird nicht bevorzugt.

Zutiefst verstört und immer wieder „giftig" werden solche Katzen dadurch schnell zu Problemfällen, zumal sie sich auch nicht um die Gunst neuer Besitzer bemühen und dadurch desinteressiert und unnahbar erscheinen. Ihr Stolz ist sehr gekränkt, sie reagieren zornig und trotzig und sogar der Schlaf verschlimmert ihre Verfassung.

Da sie keinerlei Zwang oder Druck aushalten können und ihre Freiheiten als Lebenselixier brauchen, fühlen sie sich nun eingeengt und gedemütigt. Nach einiger Zeit dulden sie meistens ein bis zwei ausgewählte Artgenossen, bevorzugt des anderen Geschlechts, in ihrer unmittelbaren Nähe und präsentieren sich wieder kühl ihrer Umgebung.

Aufgrund ihrer vornehmen, etwas hochmütigen Ausstrahlung finden sich dann doch bald geeignete Menschen, die diese starke Persönlichkeit zu würdigen wissen und sie erobern wollen und die merken, dass die ganzen Allüren nur dem Selbstschutz dienen und sich dahinter eine sehr zerbrechliche Seele verbirgt, die ohne Beachtung verkümmern würde.

Lässt man ihr ihren Freiraum und ihren Geltungsdrang, kann eine Lachesis-Katze ihr ganzes Charisma entfalten, eine vertrauensvolle Bindung aufbauen und die Zuwendung sehr genießen. Sie wird einem nie ganz und gar gehören, sie gehört immer sich selbst. Aber, ist es nicht genau das, was uns Katzenliebhaber so fasziniert?

Fallbeispiel: Soraya, achtjährige, cremefarbige Perser-Katze aus Spanien

Vier Wochen war Soraya erst bei ihrer neuen Besitzerin und wurde rundum verwöhnt und bedient – eigentlich alles nach Maß für die noch etwas magere, zerzauste Lady. Aufgrund des hartnäckigen Katzenschnupfens und der tränenden Augen wurde ich gerufen.

Die Vorgeschichte war dürftig. Sie hatte wohl schon längere Zeit in einem spanischen Refugio verbracht. Aufgrund ihres Alters wollte sie dort niemand. Danach kam sie auf eine deutsche Pflegestelle, wo es zu Problemen mit den anderen Katzen kam. Nun hatte sie endlich ihren endgültigen Platz gefunden.

Soraya beäugte mich argwöhnisch, setzte sich dann auf die höchste Stelle des Kratzbaumes und drehte mir demonstrativ den Rücken zu. Erst nach mehrfachem Bewundern und Loben ließ sich zaghaft ihr Interesse wecken.

Ich erfuhr, dass sie sich selten und nicht sehr ausdauernd zu einem Spielchen animieren ließ. Das Fressen war auch noch ein kleines Problem, weil Madame sehr wählerisch war. Ansonsten war sie schlau, willensstark und sehr gesprächig. Lautstark forderte sie ihre Wünsche ein und ihr Single-Frauchen bemühte sich nach Kräften, diese zu erfüllen.

Hier hatten sich zwei gefunden und mit Lachesis und einer Nachbehandlung zur Stärkung des Immunsystems verschwand auch der Schnupfen. Außerdem hatte ich empfohlen, den Balkon mit einem Netz abzusichern, damit Soraya auch frische Luft und etwas Abwechslung hatte.

Sie wurde zu einer richtigen Schönheit und somit auch ihrem Namen gerecht. Nun ließ sie sich auch regelmäßig bürsten und wurde weiterhin bewundert und angemessen verwöhnt. Stundenlang saß sie nun auf ihrem neuen Aussichtsplatz und beobachtete das Treiben auf der Straße. Die „Prinzessin“ war endlich daheim!

Fazit

Der Schnupfen als Überbleibsel ihres unbekannten Schicksals war typisch für Soraya. Das Leben hatte es bisher anscheinend nicht so gut mit ihr gemeint und so hatte sich einiges angestaut. Um so beeindruckender war, dass sie ihre Würde keineswegs verlor, auch wenn ihr Äußeres sehr gelitten hatte. Sie traute ihrem Glück noch nicht so richtig und musste erst wieder neu erobert und verstanden werden. Bei ihrer neuen Besitzerin war sie damit genau richtig.

Tipp

Lachesis wird auch eingesetzt nach unterdrückter Rolligkeit durch Hormonbehandlung. Alle Symptome werden über Nacht schlimmer. Der Chamomilla-Typ ist auch eifersüchtig und wird zornig, er sucht aber viel mehr den Körperkontakt, jammert viel und ist schnell ängstlich.

Lycopodium – Jähzornig und feige

Lycopodium-Katzen sind nur zum Schein selbstbewusst.

Inhaltsstoffe

- Lipide (unter anderem Sitosterin)
- Proteine
- Zucker
- Organische Säuren

Symptome

Verwendet werden die zerriebenen Sporenkapseln von Lycopodium clavatum oder Keulenbärlapp, die erst in dieser Form ihre Wirkung entfalten können. Vorwiegend wird Lycopodium bei Funktionsstörungen der Leber und der Harnwege, zum Anregen des Energiestoffwechsels und der Entgiftung eingesetzt. Der Organismus ist durch die herabgesetzte Verarbeitung und Ausscheidung der Nahrung meist übersäuert und es entwickelt sich schleichend eine Rheuma- oder Gichterkrankung.

Bewährte Indikation

- Große Reizbarkeit, „Chefallüren“, Feigheit und Misstrauen
- Störungen der Dickdarm- und Nierenfunktion
- Chronische Leberinsuffizienz
- Ekzeme als Folge von Entgiftung über die Haut, vorwiegend Schulter
- Harngrieß und -steine

Die organische Schwäche überträgt sich auf das Allgemeinbefinden, wird aber durch provokantes Verhalten überspielt.

Der Lycopodium-Charakter

Als guten Schauspieler könnte man Katzen mit Lycopodium-Charakter bezeichnen. Ihre allgemeine Schwäche wollen sie vertuschen und zeigen sich deshalb übertrieben selbstbewusst und angriffslustig.

Unter eher unauffälligen, schmal gebauten Katern sind vermehrt solche Typen zu finden. Sie wollen sich mit bedrohlichem Verhalten Respekt verschaffen und eventuelle Widersacher damit vertreiben. So weit die Theorie. In der Praxis treten sie dann fauchend mit aufgestelltem Fell, um sich größer zu machen, durchaus ihrem vermeintlichen Feind gegenüber, aber aus gebührender Distanz, um sich bei einem Angriff den Fluchtweg offen zu lassen.

Wenn man Katzen gern im Freien beobachtet, kann man solche Begegnungen manchmal sehen. Wie bei „Highnoon" stehen sich in etwa fünf Meter Entfernung zwei Katzen still gegenüber und schauen sich an. Meist stehen sie etwas schräg, das Fell ist gesträubt, der Schwanz buschig und man hört seltsame Töne. Die Situation kann sich hinziehen, die Töne steigern sich, bis sie an das Schreien von Kleinkindern erinnern, und wenn nicht einer von beiden flüchtet, greift Minuten später der Erste an.

Bei solchen spannungsgeladenen Begegnungen lässt sich die Körpersprache sehr gut erkennen: das drohende Fixieren, die langsamen Bewegungen wie in Zeitlupe, der blitzschnelle Angriff. Das ist zweifelsohne das Repertoire zweier Raubtiere und eindeutig die wilde Seite unserer Haustiger, die von manchen Katzenbesitzern nicht so gern wahrgenommen wird.

Reine Wohnungskatzen haben auch wenig Grund, diese Seite zu zeigen, und bauen vorhandene Aggressionen im Spiel ab. Freigänger, aber auch solche, die es in späteren Jahren werden, leben draußen ihrer ursprünglichen Natur gemäß und lassen sich im Haus ihrer gezähmten Natur gemäß verwöhnen. Natürlich gibt es auch solche, die gar nicht raus wollen oder immer aus Vorsicht nah beim Haus bleiben. Irgendwann wird aber überall das Raubtier durchblitzen, auch bei der liebsten Katze.

Hat ein Lycopodium-Kater eine Konfrontation, sieht man seine Fluchtbereitschaft durch seine geduckte Haltung, wenn der Angreifer näher kommt. Eigentlich will er den Kampf nicht austragen, außer, es handelt sich eindeutig um einen unterlegenen Gegner. Dann gibt es für ihn kein Halten mehr oder er wird in die Enge getrieben und gerät in Panik. Dann kratzt und beißt er aus Angst.

Hinter all dem Imponiergehabe stecken fehlendes Selbstvertrauen und eine ausgeprägte Unsicherheit. Irgendwann hat er gelernt zu bluffen und sein Erfolg gibt ihm recht, wenn er wieder einen Gegner vertrieben hat. Dann wird es sein Aushängeschild. Er sucht sich die Schwächeren regelrecht, um sie zu dominieren.

Sind mehrere Katzen im Haushalt, tyrannisiert er alle mit seinem provokanten Verhalten und wirkt oft gereizt und schlecht gelaunt. Hier sollte man schon eingreifen und ihm seine Grenzen setzen. Ohne viel Gezeter nimmt man ihn hoch und setzt ihn in eine andere Richtung, das reicht meistens, um seinen Angriff zu vereiteln.

Obwohl er sehr ungern allein ist, demonstriert er seine scheinbare Unabhängigkeit gern, indem er sich in ein anderes Zimmer zur Ruhe begibt. Beim Schlafen sollte man ihn besser nicht stören, das macht ihn wütend. Auf Zurechtweisungen oder eine grobe Behandlung reagiert er sehr nachtragend, er ist schnell beleidigt. Obwohl er leicht fröstelt, mag er es lieber kühl und braucht die frische Luft. In schwierigen Lebensphasen neigt ein Lycopodium-Kater immer zu Appetitlosigkeit, sieht schnell gealtert aus und sein Fell ist glanzlos und brüchig. Er ist sowieso recht heikel, was Futter betrifft, und hat gegen Abend mehr Hunger. Oft neigt er zu Verdauungsproblemen mit Blähungen, deshalb ist sein Bauch etwas aufgetrieben. Später gibt es Probleme mit Niere, Leber und der Haut, weil der Körper nicht mehr richtig entgiftet. Dann wirkt er mager und etwas ausgetrocknet, hat keinerlei Reserven und ist schnell erschöpft.

Mitleid und tröstenden Zuspruch will er auch im Krankheitsfall nicht annehmen, das würde seine Schwäche offenbaren. Er ist sich seiner körperlichen und emotionalen Schwäche durchaus bewusst und braucht seine ganze Energie, um dies zu verstecken. Das ist auf Dauer ziemlich anstrengend, zehrt an seinen Nerven und denen seiner Umgebung. Da ihm sein Territorium sehr viel bedeutet, wird er sich als Freigänger mit einem Umzug schwer tun. Er muss sich dann alles neu erarbeiten und das kostet ihn wiederum Kräfte.

In einem sicheren, geborgenen Zuhause mit festen Regeln und Abläufen kann er am besten auch seine guten Seiten zeigen. Er ist intelligent, hat gern Gesellschaft, Beachtung und Lob und bei Menschen, die er akzeptiert, lässt er auch Nähe zu. Kleinen Kunststückchen, bei entsprechender Belohnung, ist er nicht abgeneigt und erlangt dadurch mehr Selbstvertrauen. So kann man auch seine negative Energie positiv umlenken. Sein „großes Theater" wird er immer brauchen, aber wenn er sich insgesamt wohlfühlt, wird er zunehmend ausgeglichener.

Fallbeispiel: Jimmy, einäugiger, etwa fünfjähriger rot-weißer Kater aus der Türkei

Als frech und aufmüpfig wurde mir Jimmy beschrieben. „Er lässt sich nichts gefallen, er ist ein Kämpfer und merkt sich alles", teilte mir stolz sein Herrchen mit.

In der Männer-Wohngemeinschaft genoss Jimmy gerade wegen seines Handicaps, das er locker wegsteckte, Anerkennung und Respekt. Man konnte nur erahnen, was ihm Schlimmes widerfahren war. Ein Kämpfer war er allemal, auch wenn sich seine jetzige Angriffslust vorwiegend auf das zarte Nachbarkätzchen bezog, das beim Anblick von Jimmy sofort das Weite suchte, wie sich bei der Anamnese herausstellte. Sein Selbstbewusstsein war also doch eher aufgesetzt und die Show, die er immer abzog, ein Überbleibsel seiner früheren Heimat.

Jimmy selbst war bei seiner Ankunft vor zwei Jahren nur noch Haut und Knochen und brauchte fast ein Jahr, bis er sich sichtlich wohlfühlte. Sehr entspannt sei er allerdings nie und rege sich auch ziemlich schnell auf. Fremde Männer mochte er gar nicht und verzog sich dann lieber.

Jetzt wurde bei einer Routineuntersuchung festgestellt, dass seine Leberwerte erhöht waren. Auch der Tierarzt führte das auf Jimmys Vergangenheit zurück, was ich durchaus bestätigen konnte. Wer weiß, wovon er sich jahrelang ernähren musste. Bei Tieren aus dem Ausland ist die Verdauung oft ein Problem.

Mit einer passenden Leberdiät und Lycopodium konnte sich die Leber wieder langsam erholen, was man auch an Jimmys Allgemeinbefinden bemerkte. „Er hat bessere Laune", wie es seine WG-Kumpels ausdrückten.

Fazit

Die Spuren der Vergangenheit kommen, wie bei Jimmy, manchmal erst später richtig zum Vorschein – als wäre jetzt erst im Schutz der Obhut Platz dafür. Auch kommt es häufig vor, dass ein Tier im Tierheim aufgrund von Stress ganz anders wirkt und sich erst später im neuen Zuhause der eigentliche Charakter zeigt. Gesundheitlich hatte sich vorher niemand um Jimmy und seinen überlasteten Verdauungsapparat gekümmert. Umso wichtiger ist es, die Tiere immer als ein Gesamtes mit ihrer ganzen Geschichte zu betrachten. Jimmy konnte sich glücklicherweise auf seine zweibeinigen Kumpels verlassen.

Tipp

Ein Lycopodium-Kater droht, um einen Kampf zu vermeiden, ein Nux vomica-Typ geht keinem Kampf aus dem Weg und ist insgesamt viel selbstbewusster und mutiger. Chamomilla ist auch gereizt und „scheinselbstbewusst“, aber viel egozentrischer und anhänglicher. Die körperliche Verfassung spielt bei Lycopodium immer eine entscheidende Rolle.

Natrium chloratum - Gereizte Melancholie

Die Natrium chloratum-Katze ist nicht so verschmust wie viele andere Katzen.

Inhaltsstoffe

- Potenziertes Kochsalz: Natrium (Alkalimetall) und Chlor (Halogen)

Symptome

Natrium zählt zu den Mineralien und findet sich in der Erde, im Meer und im Organismus. Im Gewebe und im Blut ist es an der Zellfunktion beteiligt und hat einen Einfluss auf den Wasserhaushalt. Bekannt ist der Gebrauch von Natriumchlorid als Infusionslösung zur Rehydratation (Flüssigkeitsausgleich). Eine stark erhöhte Zufuhr an Kochsalz wirkt toxisch und führt zu Durst, vermehrter Harnausscheidung, Ödemen und zentralnervösen Störungen wie Lähmungen und Ataxie (Störungen der Bewegungskoordination).

Bewährte Indikation

- Nicht verarbeitete Traumata, auch lange zurückliegend
- Zornige Übellaunigkeit mit Erschöpfung
- Unfähigkeit zur Freude und Zuneigung
- Anämie
- Ödeme
- Abmagerung trotz Appetit mit großem Durst

Die depressive Grundstimmung resultiert aus dem Natriumgehalt, während der Chloranteil für die Abmagerung aufgrund eines gesteigerten Eiweißabbaus verantwortlich ist.

Der Natrium chloratum-Charakter

Mit menschlichen Maßstäben betrachtet, würde man einen Natrium chloratum-Typ – es sind eher Kater – als depressiv bezeichnen. Wie bei Ignatia spielt auch hier Kummer eine Rolle. Dieser Kummer zeigt sich aber mürrischer und konstanter, während bei Ignatia eher eine sehr wechselhafte Stimmungslage besteht.

Bei älteren Tieren mit schwieriger Vergangenheit ist dieser melancholische Zustand häufiger zu erkennen. Sie haben irgendwann ihre Gefühlswelt abgekapselt, sodass nichts mehr durchdringen kann – weder negativ noch positiv. Entweder hatten sie in der Vergangenheit ein traumatisches Erlebnis wie Verlust oder sie lebten in einer Dauerbelastung wie Vernachlässigung oder Angst und Stress.

Wenn die Seele dieser ursprünglich durchaus selbstbewussten, stattlichen Katzen das Geschehene nicht mehr bewältigen kann, kommt es zu dieser Krise. Auch ein früherer Unfall oder die Trennung von lieb gewonnenen Artgenossen kann die Ursache sein.

Katzen dieses Typs sind naturgemäß etwas gedrückt in ihrer Stimmung, selten sieht man sie fröhlich und unbefangen umherflitzen. Sie sind eher ruhig, manchmal ein wenig gereizt und ganz gern allein zum Ausruhen. Wenn es regnet oder nasskalt ist, wollen sie nicht ins Freie. Die Sonne und ein heißer Sommer bekommen ihnen aber auch nicht gut. Warmes, trockenes Wetter ist ihnen angenehm und etwas Bewegung an kühler, frischer Luft verbessert ihre Laune. Eine auffällige Eigenart hat eine Natrium chloratum-Katze: Sie verrichtet ihr Geschäft äußerst ungern unter Beobachtung, sondern lieber vollkommen ungestört. Das sollte man beim Standort des Katzenklos berücksichtigen.

Sie wirkt unabhängig, da sie nicht so verschmust ist wie viele ihrer Artgenossen, welche sie sich – wenn möglich – lieber selbst aussucht. Da sie nachtragend ist, vergisst sie eine Kränkung oder Enttäuschung lange nicht und kommt schwer darüber hinweg. Sie hat eben einen sehr verletzlichen Kern, den sie nach schlimmen Erfahrungen komplett verschließt.

Voller Misstrauen begegnet sie nun ihrem Umfeld, unfähig, sich neuen Kontakten, ob mit Mensch oder Tier, und neuen Lebenssituationen zu öffnen. Hoffnungslos und antriebslos verharrt sie in ihrer Melancholie und wird ärgerlich, wenn man sie stört oder ablenken will. Auch auf äußere Reize wie Geräusche,

Musik oder Berührung, die sie nicht mehr ertragen kann, reagiert sie überempfindlich. Manchmal kann man sogenannte Ersatzhandlungen wie extrem häufiges Putzen bis zum Kahllecken beobachten.

Die auslösende Ursache kann schon länger zurückliegen und die psychische Verfassung kann sich schleichend entwickeln, sodass erst bei körperlichen Symptomen die Veränderung auffällt. Ist zum Beispiel in einer Familie das erwachsene Kind, an dem der Familienkater sehr hing, ausgezogen, fällt seine Traurigkeit vielleicht nicht sofort ins Auge. Man traut der starken Persönlichkeit diese Sensibilität nicht zu und geht davon aus, dass es keine große Sache für ihn ist. Erst allmählich, nach Monaten, wenn das Fell struppiger wird und trotz guten Appetits eindeutig der Gewichtsverlust erkennbar ist, macht sich der Rest der Familie Sorgen. Dass der Verlust einer geliebten Bezugsperson hier der Auslöser war und sich nun körperlich angestaut hat, wird dann nicht mehr in Zusammenhang gebracht.

Es besteht allgemein eine Veranlagung zu Störungen im Wasserhaushalt, sodass es zu chronischen Stoffwechselerkrankungen wie Niereninsuffizienz kommen kann. Die Katze trinkt viel, wirkt trotzdem etwas eingefallen, schläft viel und kann Hautprobleme entwickeln.

Es gibt aber auch den umgekehrten Fall, dass Konservierungsstoffe im Fertigfutter nicht vertragen und die Zusätze dann über die Haut ausgeschieden werden. Der gesamte Organismus wird dadurch überlastet und die Tiere entwickeln langsam auch das seelische Natrium chloratum-Bild. Durch die Überempfindlichkeit der Haut wollen sie nicht angefasst werden, sind schnell ermüdet und gereizt. Eine Nahrungsumstellung ist hier unumgänglich und schafft allmählich Abhilfe.

Der seelische Zustand aufgrund von Trauer kann, wie bei Ignatia, länger anhalten und nur durch einen geduldigen Umgang verbessert werden. Die entmutigten Tiere brauchen Beständigkeit und Verlässlichkeit, um wieder Vertrauen entwickeln zu können. Wenn sie merken, dass man sich um sie kümmert, kommen langsam aber sicher die ersten Anzeichen an Lebensfreude zurück – als hätten sie sich entschieden, nun endlich ins Leben zurückzukehren. Sie zeigen wieder mehr Interesse an ihrem Umfeld und werden freundlicher. Natrium chloratum kann diesen Prozess positiv beeinflussen und damit die Basis für neue Zufriedenheit schaffen.

Fallbeispiel: Moses, sechsjähriger Abessinierkater aus privater Haltung

Als die alte, verwirrte Dame ins Altenheim kam, musste für sieben Katzen eine neue Unterbringung gefunden werden. Alle waren sehr verschüchtert und machten einen etwas verwahrlosten Eindruck. Der Kater Moses wurde von den Weibchen nur traktiert und lebte bei der alten Dame vorwiegend im Kleiderschrank. Dies erfuhr ich von der liebevollen Pflegemama, die Moses aufgenommen hatte. Bei ihr gab es noch den stets freundlichen Kater Basti, der Moses erfreut willkommen hieß.

Die Freude währte leider nicht lange, denn Moses versteckte sich den ganzen Tag und für den armen Basti gab es bei vorsichtiger Annäherung nur Hiebe. Nachts dagegen lief Moses laut klagend durch die Wohnung, sodass schon Sorge bezüglich der Nachbarschaft angebracht war und eine endgültige Adoption mehr als fraglich schien.

Nur das zarte Maunzen von Basti konnte Moses anlocken, wie ich bei meinem Besuch bemerkte. Er kam dann ganz erwartungsvoll, hielt beim Anblick von Basti aber sofort inne und dann gab es wieder Kopftatzen. Es wirkte, als hätte er das Miauen jemand anderem zugeordnet und war dann enttäuscht, dass es von Basti kam. Der tapfere Basti versuchte es trotzdem immer wieder – erfolglos!

„Wahrscheinlich vermisst Moses seine Weibchen, auch wenn sie nicht nett zu ihm waren“, vermutete ich. Denn alles, was Moses bisher kannte, war dieses Leben mit den zänkischen Katzen. So betrachtet erklärten sich auch seine nächtlichen Klagerufe. Er hatte pures Heimweh. Große Bestürzung nach dieser Erkenntnis: Schließlich wurde er doch aus diesen schlimmen Verhältnissen befreit!

Nach der ersten Gabe erhielt ich eine Nachricht auf meinem Anrufbeantworter, dass Moses in dieser Nacht noch lauter und ausdauernder geschrien hätte. Er ließ sich gar nicht mehr beruhigen. Aber dann wurde es täglich besser und Moses und Basti wurden nach ein paar Wochen richtig dicke Freunde, die ganz viel zusammen kuschelten. Moses durfte bleiben und entwickelte, seiner Rasse gemäß, auch eine enge Beziehung zu seinen Menschen.

Fazit

Hier sieht man, wie wichtig es ist, Tiere in ihrem Zuhause zu erleben und genau hinzusehen. Es sind oft Kleinigkeiten, die den entscheidenden Hinweis liefern. Bei Moses hat Natrium chloratum, nach der nächtlichen Erstverschlimmerung, die Tür der Lebensfreude wieder geöffnet und Bastis Unermüdlichkeit hat ein kleines Wunder vollbracht. Auch das Einfühlungsvermögen und die Geduld der neuen Besitzer waren und sind Teil dieser wunderbaren Geschichte. Manchmal kann es, wie bei Moses, kurzzeitig zu einer Erstverschlimmerung kommen, danach sollte aber langsam Besserung erkennbar sein.

Tipp

Natrium chloratum eignet sich als „Kummermittel" – im Gegensatz zu Ignatia – eher für männliche Tiere. Auch ist die Bereitschaft zur Aggression ausgeprägter als bei Ignatia. Die Abneigung gegen Sonne kann zur Unterscheidung hilfreich sein. Die seelischen Symptome können, wie bei allen Mitteln, auch in weniger extremer Form ohne körperliche Symptome auftreten. Es besteht aber eine Veranlagung dazu.

Nux vomica - Kampf und Macht

Die Nux vomica-Katze verteidigt ihr Revier. Flucht ist ihr fremd.

Inhaltsstoffe

- Alkaloide (Strychnin, Brucin, Colubrin, Vomicin)
- Glykosid (Loganin)

Symptome

Verwendet werden die getrockneten Samen der Brechnuss oder Strychnos nux-vomica. Die Hauptwirkung auf das zentrale und vegetative Nervensystem beruht vorwiegend auf den Giftstoffen Strychnin und Brucin. Erhöhte Reizempfindungen, Unruhe, Krämpfe, Zuckungen sowie letztendlich eine Lähmung des Zwerchfells sind die Vergiftungsfolgen.

Bewährte Indikation

- Verdauungsprobleme mit Verstopfung, saures Aufstoßen
- Wirbelsäulenerkrankungen: Bandscheibenvorfall, Spondylose, Probleme der Hinterhand wie Steifheit, Lahmheit, trippelnder Gang
- Heftiger Jähzorn
- Folge von Misshandlungen, Überanstrengung, hartem Training
- Aggressiv gegen bestimmte Personen oder Artgenossen
- Vergiftungen

Das angespannte Nervensystem ist die Ursache für die heftigen Erregungszustände.

Der Nux vomica-Charakter

Katzen sind insgesamt sehr revierbezogen und verteidigen ihr Territorium – im Rahmen ihrer Möglichkeiten – gegenüber Eindringlingen. Als Freigänger haben Kater erfahrungsgemäß einen weiteren Radius als weibliche Katzen, die auch eher zur Flucht neigen.

Das Wort Flucht ist Nux vomica-Katzen allerdings völlig fremd. Sie gehen keiner Konfrontation aus dem Weg, warten förmlich auf eine Möglichkeit zum Kampf. Erbarmungslos wird dem Nachbarskater hinter der Hecke aufgelauert und jeder, der es wagt, in sein Revier einzudringen, kommt nicht ohne Blessuren davon. Beim täglichen Kontrollgang wird übertrieben penibel markiert, um die Grenzen abzustecken. Dieser verwegene Draufgänger ist natürlich auch im Katzenrudel der unangefochtene Chef, dem sich alle tunlichst unterordnen. Das Bild eines stattlichen Bauernhofkaters, übersät mit Narben und Schrammen, der Hof und Scheune „sauber" hält, trifft es wohl am deutlichsten. Ist er noch dazu unkastriert, verstärkt sich seine Kampfbereitschaft und Streitsucht.

Auch als Wohnungskatze ist er nicht zimperlich und äußerst autoritär gegenüber Artgenossen. Sein Selbstbewusstsein scheint unerschütterlich, sein Zorn bei Aufregung grenzenlos. Zu seinen Menschen ist er durchaus lieb und zugänglich, Fremde sind ihm aber nicht geheuer. Besucher können durchaus mit einer Kratzwunde rechnen nach dem Versuch, den „Haustiger" zu streicheln. Hier zeigen sich seine eigentliche Unsicherheit und sein angespanntes, wenig belastbares Nervenkostüm, aus der seine aggressiven Tendenzen entstehen.

Als misstrauisch, intolerant und etwas nervös wird er meist beschrieben. Auch neigt er zu Überreaktionen in Bezug auf äußere Sinneseindrücke wie Straßenlärm oder allgemein ein hektisches Umfeld. Laute Geräusche sind für ihn erträglicher als leise. Er findet durch seine Stressanfälligkeit nicht zur Ruhe und seine Aggression entlädt sich entweder an den armen vierbeinigen Mitbewohnern oder an den Möbeln. Er braucht also ein Ventil für seine negative Energie.

Als Freigänger kann er dies in seiner Parallelwelt ausleben. Er ist das perfekte Beispiel dafür, dass Katzen ihre sanfte Seite zu Hause zeigen und draußen ihr zweites Leben als Raufbold führen. Manchmal haben die frechen Kerle auch noch einen geheimen Futterplatz oder gar Sofaplatz in der näheren Umgebung. Es gibt sogar Fälle, da haben sie zwei Namen und keiner weiß davon, bis sie auffliegen, wenn sich die Nachbarn unterhalten oder „ihren Kater“ suchen.

Manchmal suchen sie sich selbstständig ein ganz neues Zuhause, weil sie an ihrem bisherigen Platz mit einer Situation nicht klarkommen oder eifersüchtig sind, zum Beispiel wenn ein Hund einzieht oder weitere Katzen dazukommen. Auch macht nicht jede Katze einen Umzug mit und versucht beim ersten Freigang wieder zurückzulaufen, weil die Bindung zu ihrem Revier stärker ist, bei aller Liebe zu ihren Menschen.

Immer, wenn eine Katze mit der Gesamtsituation unzufrieden ist, kann es zu solchen schwerwiegenden Entschlüssen kommen. Einer sehr ängstlichen Katze fehlt dazu allerdings der Mut, auch wenn man die schlauen Pfötchen nie unterschätzen sollte. Eine Nux vomica-Katze ist hingegen hartnäckig, will ihren Kopf durchsetzen und kommt auch mal ein paar Tage nicht heim, wenn ihr etwas nicht passt.

Manchmal sind bisherige Lebensumstände schuld an der gereizten Grundstimmung und der Heftigkeit der Aggression. Wenn sich eine Katze jahrelang als Streuner richtig durchbeißen musste, hat sie gelernt sich durchzusetzen, um zu überleben. Oder die Katze verändert sich durch das Erlebnis körperlicher Schmerzen wie nach einem Unfall. Auch ein Leben bei Menschen, die wenig Feingefühl für die sensiblen Katzenwesen aufbringen und sie streng behandeln, kann den Charakter sehr verändern.

Die Welpenzeit spielt zudem bei Katzen eine Rolle und kann sehr prägend sein, genau wie die Vererbung von Charakterzügen der Eltern. Deshalb gibt es einfach Katzen, die von Anfang an ein gewisses Machtpotenzial erkennen lassen und dies auch ein Leben lang beibehalten.

Als reine Wohnungskatze sind sie zufrieden, solange sie Chef sind, werden aber ungnädig und ungeduldig, kommt man ihren Bedürfnissen nicht entgegen.

Es ist, aufgrund des Charakters, nicht verwunderlich, dass häufig Magen- und Darmbeschwerden vorhanden sind. Der Kotabsatz ist dann erschwert bis zur Verstopfung, auch Koliken können auftreten.

Katzenkenner mit souveräner Grundeinstellung werden sich insgesamt leichter tun mit diesem „Desperado“, der seine eigenen Gesetze schafft und sich nie unterordnet. Sie wissen seinen Mut und seinen ausgeprägten Willen richtig einzuschätzen. Sie genießen umso mehr die kleinen Gesten, mit denen er seine Zugehörigkeit zeigt, wenn er zärtlich ihre Hand anstupst oder ihnen um die Beine streicht. Sie haben die passende Einstellung, denn dass sich dieser starke Charakter-Kater entschieden hat, bei ihnen zu verweilen, macht sie – zurecht – auch ein wenig stolz.

Fallbeispiel: Samson, zweijähriger Tigerkater, zugelaufen

Zu Samson wurde ich gerufen, weil er die Angewohnheit hatte, Kleidung und bestimmte Plätze zu markieren, obwohl er kastriert war. Er hatte seine nervösen Phasen, war dann nicht sehr zugänglich und sehr autoritär und zornig gegenüber den beiden anderen weiblichen Katzen. „Es soll sich dann alles nach ihm richten", wurde mir kopfschüttelnd mitgeteilt. Wenn man ihn schimpfte, miaute er ärgerlich zurück und verließ dann über den Balkon die Wohnung. Er wurde vor einem Jahr anscheinend von seinen früheren Besitzern beim Umzug einfach zurückgelassen und musste sich daraufhin allein durchschlagen. In der Gegend war er nämlich bekannt, aber er magerte immer mehr ab und hatte auch Katzenschnupfen. So kümmerte sich nun eine Nachbarin rührend um ihn, obwohl es schon zwei Katzen und eine Hündin in ihrer Wohnung gab, allesamt lieb und freundlich. Sie hatte zwar Verständnis für seinen Frust, aber natürlich nicht für seine Unsauberkeit und seine rüpelhaften Anwandlungen.

Unbekannten Menschen gegenüber war er ablehnend und draußen zwar nervös, aber immer zu einem Kampf bereit. Kam er nach Hause, folgte erstmal ein Kontrollgang durch die Wohnung. Der „Oberchef" musste sich immer vergewissern, dass noch alles so war wie beim Verlassen der Wohnung. Erst dann suchte er sich ein Plätzchen zum Ausruhen, etwas abseits von all den anderen Vierbeinern.

Da er sonst ein munteres quirliges Kerlchen war, war es offensichtlich, dass sich die große Enttäuschung in Samsons Leben eingeprägt hatte und er deshalb seinen Platz in der neuen Heimat so angestrengt behaupten wollte. Sofort nach der ersten Gabe von Nux vomica besserte sich sein Gemütszustand und Samson wurde freundlicher und insgesamt zufriedener. Als hätte er eine große Last abgestreift, konnte er nun sein neues Leben genießen – stubenrein!

Fazit

Durch den Verlust seiner früheren Besitzer galt mein erster Gedanke Natrium chloratum. Dazu war Samson aber viel zu lebhaft und öfter auch lebenslustig. Hier handelte es sich, verständlicherweise, eher um einen unterdrückten Zorn, der immer wieder durchbrach. Auch Lycopodium ist zornig, aber weniger selbstbewusst.

Tipp

Auch bei zu viel und zu häufig verabreichten Arzneimitteln ist Nux vomica angezeigt sowie bei allgemeiner Vergiftung, wenn die giftige Substanz, wie so häufig, unbekannt ist. Trotzdem natürlich schnell zum Tierarzt!

Phosphorus - Verspielt und schreckhaft

Die Phosphorus-Katze ist flink
und voller Lebenslust.

Inhaltsstoffe

- Gelber Phosphor

Symptome

Phosphor, griechisch Lichtträger, ist ein Mineralstoff, der in der Erdkruste vorkommt und im Dunkeln leuchtet. Im Körper ist er als Salz der Phosphorsäure vorhanden und ein lebenswichtiger Baustein der Zellen des gesamten Organismus. Die Fähigkeit, mit Sauerstoff zu reagieren, erklärt die toxische Eigenschaft von Phosphor, die bei einer Vergiftung fast alle Organe und ihre Schleimhäute betrifft. Allgemeine Schwäche, Atembeschwerden und Gastroenteritis sind die Folgen, die nach einer kurzen Zeit der Besserung in eine Schädigung des zentralen Nervensystems sowie Leber- und Nierenversagen übergehen. Bei einer übermäßigen Aufnahme von Phosphor über Pflanzennahrung oder Phosphordämpfen kommt es häufig zu einer Kieferknochenerkrankung.

Bewährte Indikation

- Panik durch Alleinsein
- Ausgeprägte Schussangst
- Wiederkehrende Bronchitis
- Husten (auch nach Aufregung), Laryngitis, Heiserkeit
- Lebererkrankungen (Schwellung, Zirrhose, Degeneration)
- Gelenksteifigkeit und Gelenkschwäche, Nachschleppen der Hinterbeine
- Knochenschmerzen vorwiegend nachts

Wie Phosphor selbst leuchtet auch der Charakter unter geeigneten Bedingungen, verglüht aber wie ein Streichholz auch schnell.

Der Phosphorus-Charakter

Anmutig, grazil, flink, freundlich und voller Lebenslust und Energie sind Katzen des Phosphorus-Typs. Ihrem Charme kann keiner widerstehen, ob Mensch oder Tier. Katzen sind grundsätzlich sehr gewandt und flink in ihren Bewegungsabläufen, aber diesen Schönheiten mit ihrem harmonischen Körperbau und ihrer Freude an der Bewegung sieht jeder gern zu. Die geselligen Pfötchen spielen für ihr Leben gern mit Artgenossen und sind dabei sehr erfinderisch. Auch drohende Konflikte lösen sie meist erfolgreich auf diese Art. Schnell wird ein Gegenstand zum Spielzeug umfunktioniert und der potenzielle Gegner mit einbezogen – ein Beweis für ihre hohe Intelligenz und ihren Einfallsreichtum. Sie haben keinerlei Aggressionspotenzial und keine Chef-Ambitionen. Trotzdem werden sie in einem Katzenrudel durch ihre natürliche Selbstsicherheit von allen akzeptiert und gemocht und sorgen dadurch für Harmonie. Auch Menschen gegenüber sind sie liebenswürdig und erwidern gern jede Zuneigung.

Ausgestattet mit extrem feinen Sinnen, spüren diese Katzen Stimmungen, Schwingungen und Spannungen in ihrem Umfeld übertrieben deutlich. Manche Menschen sprechen sogar von einem sechsten Sinn, wenn ihre Katze immer vor dem Gewitter schnell nach Hause kehrt. Es ist aber darauf zurückzuführen, dass eben die Sinne überhaupt stärker ausgeprägt sind als bei uns Menschen und bei einer Phosphorus-Katze eben noch extremer.

Hier liegt auch die Schattenseite dieser sprühenden „Lichtträger". Sie reagieren sehr empfindlich auf äußere Einflüsse wie Geräusche, Gerüche oder allgemein auf Stress. Dann werden sie schreckhaft, ängstlich und neigen zur Flucht. Als Freigänger können sie durch einen Schreck ziemlich weit weglaufen bei dem Versuch, ihrer Angst zu entfliehen. Der Auslöser für diese Panik ist oftmals ein lauter Knall. Sie fürchten sich sehr bei einem Gewitter oder an Silvester, beginnen zu zittern und das Herz klopft bis zum Hals. Auch beim Tierarzt ist nichts mehr übrig von ihrem Grundoptimismus, sie sind nur noch ein Häufchen Elend, werden aber auch hier nicht aggressiv.

Ihre äußerst empfindsame Natur spiegelt sich auch körperlich wider. Kälte und Wetterwechsel vertragen sie nicht gut. Sie lieben die Wärme und erkälten sich leicht, vor allem, wenn sie bei Hitze nass werden. Es besteht eine Veranlagung zu Atemwegserkrankungen sowie Husten durch Aufregung. Aufgrund des Bewegungsdrangs gibt es selten Gewichtsprobleme, der Appetit ist abends größer.

Katzen fressen gern öfter am Tag, so wie es ihrer ursprünglichen Natur entspricht. Eine Phosphorus-Katze vergisst dies aber häufig vor lauter anderen interessanten Dingen und findet dann erst am Abend die nötige Ruhe dazu.

Die Dunkelheit ist ihr nicht geheuer und mit dem Alleinsein kommt sie überhaupt nicht klar. In engen Räumen wie einer Katzenbox verzweifelt sie regelrecht und versucht panisch sich zu befreien.

Man sollte sie deshalb nie allein halten oder isolieren. Sie braucht Gesellschaft, Zuwendung und Abwechslung als Grundlage ihrer Lebensfreude. Sonst verkümmert sie wie ein zartes Pflänzlein, hat keinen Appetit mehr und ihre Kräfte schwinden schnell. Einer Dauerbelastung durch lieblose Behandlung, aggressive Artgenossen oder Einsamkeit ist dieses soziale Wesen nicht gewachsen und baut schnell ab, psychisch und physisch.

Da ihr Bedürfnis nach Aufmerksamkeit, Bestätigung und Körperkontakt sehr ausgeprägt ist, ist die Phosphorus-Katze sehr schnell verletzt und fühlt sich ungerecht behandelt. Sie ist aber nicht nachtragend, sondern schnell wieder versöhnt.

Ihr Gespür für die Stimmung ihrer Besitzer ist außergewöhnlich. Sie lässt sich nicht blicken, wenn Streit in der Luft liegt, passt aber den perfekten Moment ab, wenn die Luft wieder rein ist, und schmeichelt dann unwiderstehlich.

Um ihr ganzes wunderbares Charisma entfalten zu können, braucht diese liebenswerte Katze viel Seelennahrung. In einer Familie mit Kindern und anderen Kumpels wird sie sich am wohlsten fühlen. Auch zu Hunden kann sie durchaus eine Freundschaft aufbauen

Das Phosphorus-Tier ist sehr flexibel, liebt vierbeinige Freunde, kuschelt gern Fell an Fell und lässt sich auch einiges auf spielerische Art beibringen. Ein wahres Geschenk ist dieses gefühlvolle Wesen, wenn es wahrgenommen wird und man es liebevoll und pfleglich behandelt. Dann bringt es wahrlich Sonnenschein ins Haus!

Fallbeispiel: Mika, neunjähriger rot-weißer Kater, zugelaufen

Mika, mein eigener Kater, ist mir mit sechs Monaten zugelaufen. Trotz aller Bemühungen konnten wir seine Besitzer nicht ausfindig machen und Mika fühlte sich mit meinen beiden Katzendamen sehr wohl. Sogar die ängstliche dreifarbige Luna animierte er zum Spielen.

Seit dieser Zeit hat er einige Veränderungen durch Umzüge und neue Mitbewohner locker überstanden. Er wurde zweimal angefahren und dabei schwer verletzt und zweimal aufgesammelt als vermeintlicher Streuner. Es ist beeindruckend, wie er das alles verkraftet hat, deshalb nenne ich ihn auch „Meister Mika". Für ihn ist nach seinen Abenteuern die Welt wieder in Ordnung, sobald er zu Hause ist. Geblieben ist eine nervöse Schreckhaftigkeit, vor allem gegenüber plötzlichen Bewegungen und Geräuschen. Sonst ist er immer noch selbstbewusst und eigensinnig und fordert lautstark seine Bedürfnisse ein. Am liebsten geht er mit mir und unserer Hündin Neva abends spazieren.

In letzter Zeit ist er allerdings sehr unausgeglichen und nicht sehr freundlich zu unserem neuen Kätzchen Mimmi. Da aber Klein-Mimmi auch ein richtiger Sonnenschein ist, wird sie ihn bald für sich gewinnen können. Es ist also, neben Geduld und Zeit, wieder Phosphorus nötig, damit Mika seine Freundlichkeit und Freude zurückerlangt.

Fazit

Wie es Licht nicht ohne Dunkel gibt, gibt es die Lebenslust von Phosphorus nicht ohne die Angst. Akzeptiert man dies, versteht man auch besser die Komplexität unserer Tiere.

Tipp

Phosphorus schon vor dem Tierarztbesuch und einige Tage vor Silvester verabreichen. Es eignet sich auch für schnell wachsende, feingliedrige Jungtiere zur Unterstützung einer gesunden Entwicklung.

Pulsatilla - Anhänglich und sensibel

Die Pulsatilla-Katze ist anhänglich und genießt ein warmes Plätzchen.

Inhaltsstoffe

- Anemonin
- Gerbstoffe
- Saponine
- Harze

Symptome

Die giftigen Pflanzenbestandteile der frischen Kuhschelle oder Pulsatilla pratensis wirken ätzend und reizend auf Haut und Schleimhäute. Außerdem kommt es zu einer Verlangsamung der Blutzirkulation und als Folge zum Blutstau. Daraus resultieren Herz- und Kreislaufprobleme, zahlreiche Verdauungsstörungen, Hautbeschwerden und hormonelle Probleme wie verzögerte Läufigkeit.

Bewährte Indikation

- Große Stimmungsschwankungen, aber zugleich liebesbedürftig
- Scheinschwangerschaft, hormonelle Schwankungen
- Gebärmutterentzündung
- Erkältungsneigung
- Ständig wechselnde Symptome

Die Pflanze wächst nieder in Gruppen und verträgt kein Verpflanzen. Diese Eigenschaften finden sich sehr ausgeprägt im emotionalen Mittelbild von Pulsatilla.

Der Pulsatilla-Charakter

Eine Pulsatilla-Katze verkörpert die typische Kuschelkatze. Den ganzen Tag würde sie am liebsten gestreichelt, getragen und liebkost werden. Sie folgt ihren Besitzern wie ein kleines Hündchen auf Schritt und Tritt in der Hoffnung auf Zuneigung. Fast schon lästig wartet sie nur auf den passenden Moment, um auf den Schoß zu gelangen, und wird nicht müde, jede Liebkosung zu erwidern. Sie fordert Zuwendung nicht laut oder ungeduldig ein, sie bleibt sanft, aber beharrlich. Diesem lieben Wesen mit dem rührenden Blick kann man einfach nicht böse sein. Man möchte es trösten und beschützen.

Pulsatilla passt vorwiegend auf brave, liebe, anhängliche Katzendamen mit einem weichen, schwachen Grundcharakter. Ihr fehlendes Selbstvertrauen macht sie so abhängig und fast schon unterwürfig. Sie sind das Gegenteil der vielen stolzen Katzenpersönlichkeiten und sind nur glücklich in unmittelbarer Nähe ihrer Menschen. Deshalb ist auch Alleinsein ein großes Problem. Wenn nicht wenigstens noch weitere Artgenossen anwesend sind, können aus reiner Verzweiflung Polster und Möbel Schaden nehmen.

Das Band zu ihren Bezugspersonen ist so eng, dass man Pulsatilla-Kätzchen fast schon als mitfühlend bezeichnen könnte. Sie brauchen viel an Liebe, geben aber auch unglaublich viel wieder zurück. Ist nämlich zum Beispiel ein Kind in der Familie krank, legen sie sich gleich mit ins Bett und halten auch nachts Wache. Bei eigenem Nachwuchs sind sie wunderbare Mamis und kümmern sich rührend um ihre Kleinen.

In ausgeglichenem Zustand haben sie wie alle Katzen durchaus ihren eigenen Kopf und sind, manchmal hormonell bedingt, etwas launisch. Unkastriert sind sie vor und während der Rolligkeit sehr geplagt und richtig weinerlich. Ihre Wetterfühligkeit beeinflusst zusätzlich ihre Stimmung, die täglich variiert, aber nie in irgendeiner Art zänkisch oder aggressiv wird. Etwas bedrückt wirken sie dann und jammern auch manchmal leise.

Kälte und Nässe, aber auch Hitze bekommen ihnen nicht gut. Sie frieren leicht und brauchen ein warmes Plätzchen, allerdings auch Bewegung und frische Luft, damit ihr Kreislauf und Stoffwechsel in Schwung bleiben. Sie sind gute Esser und dabei wenig wählerisch. Der Durst ist entweder groß oder kaum vorhanden.

Das Wasserschüsselchen haben sie nicht gern neben dem Futter, sondern lieber an einem extra Platz.

Je nach Tagesform reagieren sie unterschiedlich auf äußere Einflüsse und sind insgesamt eher vorsichtig und passiv, auch Fremden gegenüber. Merken sie aber, dass man ihnen freundlich gesonnen ist, suchen sie den Körperkontakt und bleiben regelrecht „kleben".

Abgesehen von ihrer konstanten Anhänglichkeit sind sie eher bescheidene, unauffällige Tiere im Vergleich zu ihren Artgenossen. Am sichersten fühlen sie sich in geregelten Tagesabläufen ohne zu viel Überraschungen und Abwechslung.

Negative Veränderungen in ihrem Umfeld nehmen sie hin, ziehen sich aber dadurch mehr zurück. Sie scheinen flexibel, weil sie sich niemals auflehnen würden, leiden aber dennoch im Stillen. Dann kann es auch zu Unsauberkeit kommen, die bei einer Pulsatilla-Katze immer eine Entlastungsreaktion darstellt. Sie hat keine andere Möglichkeit, als auf diese Art zu zeigen, dass sie mit einer Situation nicht umgehen kann. Manchmal ist auch Eifersucht ein Grund, weil sie nach einigen erfolglosen Versuchen nicht weiter um Aufmerksamkeit kämpft, sondern aufgibt und das Feld räumt.

Trotzdem tut ihr Katzengesellschaft insgesamt gut, solange sie sich nicht zurückgesetzt fühlt. Sie kann sich dann an den Kumpels orientieren und gewinnt an Sicherheit. Sie bindet sich neben ihren Menschen auch stark an ihren Ort und wird nicht gern „verpflanzt". Als Freigänger würde sie sich bei einem Umzug aber kaum trauen wegzulaufen. Wenn ihr das Leben mit ihren Bezugspersonen viel bedeutet, fügt sie sich lieber in ihr Schicksal. Ist sie allerdings insgesamt unzufrieden, kann es zu einem Besitzerwechsel „auf Raten" kommen. Sie testet sozusagen neue Plätze und verlässt erst dann für immer ihr angestammtes Zuhause, wenn sie sich absolut sicher ist, dass es ihr am neuen Platz besser geht. Die Vorbesitzer hätten ihr das nie zugetraut und sind dann entsprechend überrascht. So abhängig eine Pulsatilla-Katze auch sein mag, ist sie doch auch eigensinnig und hat ihre eigenen Vorstellungen bezüglich des Zusammenlebens.

Eine strenge Zurechtweisung kann diese weiche, empfindsame Katze sehr treffen und sie reagiert mit völligem Unverständnis und versteckt sich den Rest des Tages. Wünscht sie sich doch nichts mehr als Harmonie und bemüht sich ständig, alles recht zu machen. Durch Trost und Zuneigung kann man sie aber auch bei Krankheit immer wieder aufmuntern und ihr neuen Mut geben.

Ihre Liebesbedürftigkeit ist auch in schlechten Phasen ungebrochen. Im Tierheim verkümmert sie deshalb schnell, obwohl sie sich mit den anderen Katzen gut versteht. Ihr Grundbedürfnis nach zärtlicher Fürsorge durch die Menschen kann dort trotz aller Bemühung kaum erfüllt werden und so versinkt sie in ihrer Traurigkeit in der hintersten Ecke, unentdeckt von den Besuchern.

Finden sich aber doch, meist aus Mitleid, liebe Menschen für das arme Geschöpf, ist das Elend bald vergessen und das tägliche Kuschelprogramm und die neuen Annehmlichkeiten bringen den liebenswerten Charakter wieder zum Vorschein – aber nicht sofort, denn es kann einige Zeit dauern, bis sie aus ihrem Versteck hervorkommt und zaghaft wieder Zutrauen gewinnt. Wird sie dabei von Liebe „umhüllt“ und spürt eine warme, freundliche Atmosphäre, blüht sie regelrecht auf. Es wäre doch auch zu schade um dieses große Herz, wenn es keine entsprechende Resonanz finden würde.

Fallbeispiel: Minni, dreijährige Schildpattkatze

Minni war eine kleine, sanfte, anhängliche Katze, der nichts so wichtig war wie ihr abendliches Kuscheln und Schmusen im Bett. Dies fiel weg, wenn abends Besuch zu der lebhaften Familie kam. Minni fühlte sich anscheinend dadurch missachtet und hinterließ, anfangs meist unbemerkt, ihre Pfützchen auf dem Nachtlager. Da dies so gar nicht zu ihrem lieben, artigen Wesen passte, waren die Besitzer die ersten Male sehr verärgert und schimpften auch gewaltig. Sie interpretierten es als Trotzverhalten und wurden insgesamt strenger im Umgang, mit dem Resultat, dass die Pfützchen nach Aussperren aus dem Schlafzimmer auch in der Wohnung häufiger wurden. Die Nerven lagen verständlicherweise blank und ich war froh, dass ich gerufen wurde.

Ich versuchte, die Zusammenhänge zu erklären, traf aber auf wenig Verständnis in Bezug auf den lieblosen Umgang. Trotzdem wurde Minni eine „letzte Chance“, wie es der Besitzer ausdrückte, gegeben.

Mit Pulsatilla und mehr Aufmerksamkeit, auch an geselligen Abenden, konnten wir den Frieden doch wieder herstellen. Minni durfte wieder ins Bett, spürte wieder Zuneigung und war wieder glücklich.

Ein Jahr später wurde ich erneut gerufen. Minni hatte sich gut entwickelt und machte auch Ausflüge ins Freie. Sie entpuppte sich als große Mäusefängerin und ich wurde gefragt, ob es ein Mittel gäbe, das dieses Problem abstellen würde. Hier musste ich passen!

Fazit

Die schüchterne Minni konnte ihren Wunsch nach Zuwendung trotz Besuchs nicht anders zum Ausdruck bringen. Das abendliche Kuschel-Ritual war allein ihre Zeit, sie wartete jeden Tag schon darauf. Der schroffere Umgang tat sein Übriges und verstörte sie umso mehr. Solche Missverständnisse können böse enden und bis zur Abgabe der Tiere führen, wenn man nicht nach dem Grund sucht.

Tipp

Auch Silicea ist sehr schüchtern, aber nicht so anhänglich wie Pulsatilla. Zwangsläufig muss ein Mittel nicht ein Leben lang passen und Pulsatilla kann sich deshalb auch zum Silicea-Typ entwickeln. Auch Ignatia-Damen leiden still, wollen aber keine Zuwendung und keinen Trost. Wann immer eine Katze hormonelle Probleme hat, kann Pulsatilla regulierend eingreifen, sei es bei einer Hormonbehandlung, bei verzögerter Rolligkeit oder auch verändertem Verhalten nach der Kastration.

Silicea - Scheu und unsicher

Die Silicea-Katze ist sehr schüchtern, braucht aber viel Wärme und Liebe.

Inhaltsstoffe

- Kieselsäure

Symptome

Kieselsäure oder auch Kieselerde ist ein Mineralstoff des menschlichen, tierischen und pflanzlichen Organismus. In der Erde ist er vorwiegend als Salz in Quarz, Sandstein und Feldspat weit verbreitet und in einigen Edelsteinen enthalten. Gebräuchlich ist die Anwendung von herkömmlicher Kieselerde zur Stärkung der Struktur von Haut, Haaren, Nägeln und Knochen. Das homöopathische Silicea wird aus fein zerkleinertem Bergkristall gewonnen.

Bewährte Indikation

- Ausgeprägte Angst vor Geräuschen, Schreckfolgen
- Störungen im Mineralstoffwechsel: Haut, Fell, Nägel
- Eiterungsprozesse von Knochen und Haut, Fisteln
- Zwischenzehenekzem
- Schlecht heilende Wunden und Narben
- Chronische Erkrankung: Bindehautentzündung, Schnupfen, Mandelentzündung, Ohrenentzündung
- Impffolgen

Der Bergkristall ist klar, hell, kalt und starr. Er hat aber auch Risse und Einschlüsse, Ecken und Kanten und wächst in Richtung Sonne. Diese Eigenschaften prägen auch den psychischen Charakter von Silicea.

Der Silicea-Charakter

Die häufig zarten Silicea-Katzen ziehen sich gern in ihre Höhle zurück. So zart, wie ihr Körperbau ist, so zart sind nämlich auch ihre Seele und ihre Sinne. Natürlich gibt es auch etwas kräftigere Vertreter dieses Typs.

Vor Lärm und Hektik flüchten sie sich lieber in ihr – bevorzugt überdachtes – Schneckenhaus. Aber auch auf leise Geräusche und leichte Berührung reagieren sie oft überempfindlich, zucken zusammen und sind schon wieder verschwunden. Am liebsten würden sie wahrscheinlich wirklich ihr Häuschen mit sich herumtragen, so nötig ist ein sicherer Fluchtort für sie.

Schutz und Wärme sind für die fröstelnden Kätzchen lebenswichtig. Warm eingepackt unter einer Decke, nur das Köpfchen lugt hervor – so mögen sie es besonders gern. Nässe oder feuchtes Wetter vertragen sie gar nicht.

Eine Silicea-Katze verschläft schon mal den ganzen Tag, obwohl sie alles andere als träge oder unbeholfen ist. Sie besitzt eine hohe Intelligenz, ist flink und gewandt beim Spielen und für eine Katze äußerst artig und nachgiebig.

Ihre Schüchternheit steht ihr etwas im Weg, so wirkt sie ziemlich zaghaft und unentschlossen in ihren Handlungen. Sie traut sich nichts zu und hat dauernd Angst, etwas falsch zu machen oder verletzt zu werden. Körperlich zeigt sich dies beim Tierarztbesuch sehr extrem, zumal sie vor Fremden sowieso Angst hat. Die Furcht vor Spritzen und Nadeln, eigentlich vor allem, was glänzt, lässt sie erzittern. Sie wehrt sich zwar kaum, ist aber danach so erschöpft, dass sie nur ein langer, erholsamer Schlaf wieder beruhigen kann.

Silicea-Typen neigen auch zu Impffolgen wie einer Beule oder einem Abszess an der Impfstelle. Die schlechte Verwertung der Nahrung und dadurch die Störung im Mineralhaushalt führen häufig zu einem etwas spröden Fell, brüchigen Krallen und einem schwachen Bindegewebe.

Erholung brauchen sie viel und oft, weil sie den Widrigkeiten des Lebens durch ihr verletzliches Wesen nicht sehr gewachsen sind. Es braucht viel Energie, sich aus Furcht dauernd zu schützen und immer gewappnet zu sein. Deshalb wirken die zierlichen Katzen auch sehr zurückhaltend und teilweise sogar etwas kühl auf ihre Umgebung. Es ist aber nur ihr kleiner Panzer oder eben ihr imaginäres Schneckenhaus, in das sie sich vorsichtshalber zurückziehen.

Sie bräuchten viel Wärme und Liebe, es fehlt ihnen aber der Mut, dies auch zu zeigen, und so scheinen sie bescheiden und relativ anspruchslos. Sind mehrere Katzen im Haushalt, fallen sie nie auf, laufen einfach so nebenher und ordnen sich unter, halten immer etwas Abstand und geben sich wohl oder übel mit dem zufrieden, was übrig bleibt – sei es Futter oder Aufmerksamkeit. Dadurch kommen sie schnell etwas zu kurz, weil sie sich nie in den Vordergrund drängen.

Dabei wartet ihr Innerstes nur darauf, beachtet und sozusagen entdeckt zu werden. Wenn man das „kleine Dornröschen“ sehr liebevoll behandelt und auch manchmal diese Blockade durchbricht, indem man einfach ruhig weiterstreichelt, zeigt sie nämlich gern ihren weichen Kern und ihre zutrauliche Seite. Man spürt dann richtig ihre Freude und ihre Überraschung über sich selbst, dass sie es genießen kann. Es braucht etwas Feingefühl und Geduld, um das Verhärtete, das nur dem Selbstschutz dient, etwas aufzuweichen.

Gewohntes und Vertrautes geben den vorsichtigen Geschöpfen zudem einiges an Sicherheit, Veränderungen bekommen ihnen gar nicht. Den Aufenthalt in einer Katzenpension sollte man ihnen ersparen und besser einen Betreuer vor Ort suchen. Da sie sich nicht wehren und sich auch nicht durchsetzen können, werden sie nämlich öfter zum willkommenen Mobbingopfer unter Artgenossen. Sie verkriechen sich dann nur noch so weit wie möglich und sind starr vor Angst. Dann lassen sie sich auch zu nichts mehr überreden, was oft etwas stur wirkt, aber nur ihrer Angst entspringt.

Ein Umzug kann eine Silicea-Katze auch aus der Bahn werfen und es braucht lange, bis sie sich eingewöhnt. Sie leidet dann sehr unter Heimweh und zeigt auch als Freigänger die erste Zeit kaum die katzentypische Neugier und schläft lieber. Auch später bleibt sie sicherheitshalber immer in unmittelbarer Nähe des Hauses.

Bei ausgeglichenen, ruhigen Menschen mit viel Einfühlungsvermögen wird sie sich am wohlsten fühlen. Dort kann sie sich anlehnen, fühlt sich sicher, beschützt und geschätzt. Auch für geistige Aufgaben kann man sie begeistern, sogar für das Clicker-Training. Sie versteht sehr schnell das Prinzip der Belohnung und die Bindung verstärkt sich auf diese Weise positiv. Einmal aufgetaut ist sie nämlich sehr verspielt und auch lustig. In einem sicheren Umfeld kann sie sich auch allein lange beschäftigen und ist dann ganz versunken in ihr selbst erfundenes Spiel. Sie hat Spaß mit einem Wollknäuel oder mit den Schneeflocken auf dem Balkon. Wie ein kleiner Kobold hüpft und springt sie dann und scheint die Welt um sich herum vollkommen vergessen zu haben. Ihre Geschicklichkeit und Schnelligkeit sind erstaunlich und es macht Freude, ihr dabei zuzusehen.

Etwas in sich gekehrt werden diese vorsichtigen Pfötchen immer bleiben, zeigen aber im vertrauten Kreis vermehrt auch ihre fröhliche, unbefangene Seite und sind sehr angenehme Gesellschafter.

Fallbeispiel: Tinka, dreijährige, schwarz-weiße Katze

Tinka kam schon als junges Kätzchen von einem Bauernhof zu ihrer Familie. Als „kleiner Angsthase“ beschrieben sie ihre fürsorglichen Besitzer. Schnell zu erschrecken war sie und flüchtete vor unbekannten Geräuschen auch oft in den Keller. In letzter Zeit traute sie sich fast nicht mehr ins Freie, obwohl sie früher liebend gern mit spazieren gegangen war, bis zu einer bestimmten Wegkreuzung, bei der sie dann gewartet hatte, um wieder mit nach Hause zu gehen. Jetzt konnte man sie gar nicht mehr animieren, obwohl man das Gefühl hatte, dass sie eigentlich will. Insgesamt wirkte die süße Tinka mit dem schwarzen Fleck auf der Nase sehr verschreckt, auch bei meinem Besuch. Sie versteckte sich in ihrem Körbchen im Flur und spitzte erst nach einiger Zeit durch die Wohnzimmertür.

Vor ein paar Wochen waren die Besitzer in Urlaub und eine Nachbarin kümmerte sich wie immer um Tinka und ließ sie auch ins Freie. Irgendetwas musste Tinka in dieser Zeit passiert sein, als sie ihre Menschen nicht zur Unterstützung hatte. So hatte ihr ängstliches Gemüt wieder neue Nahrung bekommen und das Selbstvertrauen war vollkommen verloren.

Es gab auch keine Katzenklappe und Tinka musste bei vermeintlicher Gefahr außerhalb des Hauses Unterschlupf suchen, bis man sie wieder hineinließ. Waren ihre Besitzer weg, konnte das bis zum Abend dauern. Es gab auch keinen Alternativplatz wie Garage oder Gartenhäuschen. Das war für das schutzbedürftige Kätzchen eine enorme Belastung, zumal sie, bis auf die Spaziergänge, sowieso in der Nähe blieb und nie streunte. Hier musste dringend Abhilfe geschaffen werden und Herrchen machte sich gleich eifrig ans Werk.

Eine Woche später hatte Tinka ihre Klappe und nahm sie sogleich gern in Anspruch. Nach der ersten Gabe Silicea wurde sie insgesamt mutiger und beteiligte sich wieder an den gemeinsamen Spaziergängen.

Fazit

Auch wenn Silicea-Tiere nicht so anhänglich wirken, gibt ihnen eine innige Beziehung zur Bezugsperson viel an Sicherheit. In den falschen, unsensiblen Händen bleiben sie hingegen sehr verhalten und können nicht „gedeihen". Tinka hatte glücklicherweise sehr einfühlsame Menschen, die schnell das seelische Ungleichgewicht bemerkten und auch bereit waren, dem Bedürfnis nach Schutz gerecht zu werden. Allgemein ist es für Katzen belastend, wenn sie ausgesperrt werden, weil sie alle ihre Zuflucht brauchen, die ihnen Sicherheit gibt.

Tipp

Silicea wirkt langsam, aber tiefgreifend, deshalb Geduld bei der Anwendung. Auch bei Wachstumsstörungen von Fell und Krallen sowie Fellverlust kann es eingesetzt werden, sofern es zum Charakter passt. Silicea wird auch als das chronische Pulsatilla bezeichnet und ist manchmal das Folgemittel von Pulsatilla. Ein Konstitutionsmittel kann sich aufgrund der Lebensumstände durchaus über die Jahre auch ändern.

Sepia - Misstrauisches Phlegma

Es erfordert viel Geduld, um mit einer Sepia-Katze eine enge Bindung einzugehen.

Inhaltsstoffee

- Farbstoff (Melanin)
- Schleimstoff (Mucin)
- Mineralien (Calcium carbonicum, Magnesium carbonicum, Natrium sulfuricum, Natriumchlorid, Silicium, Kupfer, Zink)
- Aminosäuren
- Enzyme

Symptome

Sepia officinalis besteht aus der Tinte des Tintenfisches, die bei Gefahr explosionsartig ausgestoßen wird und damit die Flucht ermöglicht. Die Wirkstoffe weisen bereits auf Symptome anderer homöopathischer Mittel wie Natrium chloratum, Silicea oder Calcium carbonicum hin. Störungen der Blutzirkulation, schwaches Bindegewebe und die depressive Grundstimmung sind charakteristisch. Die eigenartige Fortpflanzung der Tintenfische, indem sich die Weibchen einen Arm der Männchen einverleiben, geben einen weiteren Hinweis auf Probleme im sexuellen und hormonellen Bereich.

Bewährte Indikation

- Ärgerliche Depression bei Weibchen
- Ablehnung der Jungen nach der Geburt
- Starke Abneigung gegenüber Kindern
- Hormonelle Störungen, Fellverlust, Pigmentflecken
- Schlaffe Haut und Bindegewebe älterer Tiere
- Chronische Gebärmutterentzündung mit rötlichem Ausfluss

Der Tintenfisch ist ein Einzelgänger und verlässt seine gelegten Eier nach der Ablage. Diese Verhaltenszüge entsprechen im Wesentlichen der Psyche von Sepia.

Der Sepia-Charakter

Unter älteren, unkastrierten Weibchen finden sich oft Sepia-Katzen. Sie wirken, als wären sie des Lebens und seinen Anforderungen über die Jahre überdrüssig geworden. Unzufrieden und lustlos verbringen sie ihre Tage, sind gern allein mit ihrer Depression und werden schnell wütend, will man sie trösten oder motivieren. Sie verweigern sich jeglicher Kommunikation und jeglicher Gefühlsbindung. Selbst die eigenen Welpen lehnen sie ab und kümmern sich, wenn überhaupt, relativ lieblos und lustlos um sie.

Hier zeigt sich, wie groß der Unterschied bei einer Sepia-Katze ist zu dem, was sie will, und zu dem, was sie dann letztendlich tut. Denn eigentlich mag sie Kinder und auch ihre Welpen, ist aber damit vollkommen überfordert und will deshalb keine Bindung eingehen. Sie fühlt sich der Aufgabe nicht oder nicht mehr gewachsen. Sogar der Milchfluss stockt dadurch oder beginnt gar nicht erst. Auf physischer Ebene zeigt sich die Überforderung meist in einem schlaffen Bindegewebe, schlechter Verdauung mit Verstopfung und Störungen im Hormonhaushalt sowie Wehenschwäche bei der Geburt.

Die negative Grundeinstellung kann sich über Jahre entwickeln, kann aber auch durch Liebeskummer, einen Schreck oder permanente Kränkung entstehen. Die Furcht, wieder zu leiden, ist der Grund für die folgende Gefühlskälte. Sämtliche Bindungen, auch zu geliebten Bezugspersonen, sind gestört und zum Vorschein kommt der kleine „Widerborst“, der genervt und ungeduldig auf alles reagiert, was seine Ruhe stört.

Zusätzliche Aufregung wird kaum mehr verkraftet, schon Musik macht aggressiv und Artgenossen gehen besser auf Abstand. Denn trotz ihrer Niedergeschlagenheit sind die Sepia-Katzen sehr dominant und werden sich keinesfalls unterordnen. Sie verschaffen sich immer Respekt und damit die gewollte Distanz, um wieder ihre Ruhe zu haben. Das macht sie unter anderen Haustigern nicht gerade zu Sympathieträgern. Sie gelten als Einzelgänger.

Dabei sind sie im Grunde einfach zu schüchtern und zu pessimistisch, um positive Kontakte zu knüpfen. Sie befürchten immer das Schlimmste und bleiben deshalb einsam, allein und unglücklich. Sie sind in ihren Negativ-Erfahrungen gefangen, können sie nicht verdauen.

Eine Bauernhofkatze, der regelmäßig ihre Jungen weggenommen werden, passt in dieses Bild, oder eine Zuchtkatze, die über die Jahre einfach erschöpft ist und ihrer Jungen überdrüssig. Es gibt aber auch kastrierte Katzen, die durch andere Lebensumstände wie jahrelange Missverständnisse oder Vernachlässigung in den Sepia-Zustand fallen.

Einfach ist es nicht, diese störrischen Damen davon zu überzeugen, dass das Leben durchaus noch positive Erlebnisse und Erfahrungen für sie bereithält. Man braucht Geduld und bekommt mit der Zeit ein Gefühl für das richtige Maß an Zuwendung und Freiraum. Denn jede Art von Druck, Zwang oder Zurechtweisung wäre kontraproduktiv und wieder eine Bestätigung ihrer „grauen Welt". Auch fühlen sie sich schnell eingeengt und brauchen immer wieder ihren Freiraum, auch körperlich. Ein Halsband können sie deshalb, wie auch bei Lachesis, gar nicht leiden.

Mit kleinen positiven Abwechslungen wie einer Baldrian-Maus oder überhaupt neuem Spielzeug kann man unaufdringlich und konstant langsam ihr Interesse wieder wecken. Das klingt simpel, ist aber gar nicht so einfach, weil sie schnell wieder lustlos und müde sind. Es ist aber nötig, dass ihre schlechte Durchblutung gefördert wird und alles wieder etwas in Gang kommt, auch die Lebenslust.

Das richtige Timing wird man langsam, aber sicher erkennen, genau wie die kleinen Anzeichen der Freude. Es sind keine großen Gefühlsausbrüche, es sind kleine Gesten – wie öfter Blickkontakt oder wieder mal Schnurren –, die zeigen, dass man auf dem richtigen Weg ist. Freigängern kann man eine Freude machen, indem man mit ihnen rausgeht, mit ihnen draußen spielt oder auch einen kleinen Spaziergang macht.

Manchmal ist nämlich über die Jahre auch bei uns Menschen unbemerkt eine gewisse Faulheit im Umgang mit unseren Katzen eingetreten. Hat man früher noch viel gespielt und sich immer etwas Neues zum Spielen ausgedacht, wird man im Laufe der Zeit auch selbst etwas träger. Es gilt also insgesamt, etwas neuen Schwung in die eingefahrene Routine zu bringen und damit den mürrischen Trübsinn zu vertreiben. Denn auch ältere Katzen spielen immer noch gern, wenn auch etwas gemäßigter, und spüren schnell, wenn sich auch ihre Menschen wieder gern mit ihnen beschäftigen. Auch wenn sich der seelische Zustand sehr langsam verschlechtert und als Ursache keine körperliche Erkrankung vorliegt, kann Sepia für eine Umstimmung sorgen.

Eine Schmusekatze wird man nicht bekommen aber eine zufriedene selbstständige Katzenpersönlichkeit, die wieder Vertrauen am Leben und an ihren Menschen gewinnt.

Fallbeispiel: Cookie, neunjährige dreifarbige Katze von der Tierhilfe

Cookie hatte öfter Hautprobleme in Form von kleinen dunklen Pünktchen und Pickelchen am Kinn. Man nennt es auch Katzenakne. Alles Mögliche wurde im Laufe eines Jahres schon erfolglos versucht, von der Futterumstellung bis zur Cortisonbehandlung. Eigentlich fehlte es Cookie an nichts: Sie hatte angenehme Katergesellschaft, durfte ins Freie und hatte liebe Menschen. Trotzdem sei sie immer irgendwie missmutig und launisch, wie mir erzählt wurde. An besonders schlimmen Tagen ließ sie ihren Frust auch an dem armen, gemütlichen Kater aus, der dann tunlichst Abstand hielt. Manchmal brütete sie stundenlang dumpf vor sich hin und schien total abwesend.

Liebkosungen mochte sie auch nicht so gern und von meiner Anwesenheit war sie wenig begeistert und ignorierte mich. Dabei war sie so hübsch, dass man sie sofort berühren wollte. Von Fremden ließ sie das aber nie zu, wie mir berichtet wurde. Musste sie manchmal von den Nachbarn betreut werden, bekamen diese sie kaum zu Gesicht.

Sie war nicht dick, ich entdeckte aber ein kleines Hängebäuchlein, das beim Laufen hin und her wackelte. Ihr Appetit war gut und sie bevorzugte kühles Wetter für ihre Ausflüge. Von ihrem früheren Leben war nichts bekannt. Sie wurde in verwahrlostem Zustand gefunden und bei der Tierhilfe abgegeben. Ein Jahr war sie nun schon bei ihrem neuen Platz.

Obwohl sie kastriert war, empfahl ich nach genauer Analyse Sepia, weil der ganze Gemütszustand daraufhin deutete und auf ein hormonelles Ungleichgewicht schließen ließ.

Daraufhin wurde Cookie erst ausgeglichener, auch dem Kater gegenüber, dann verschwanden nach und nach ihre Pickelchen. Nach einem Jahr tauchten sie wieder auf und wir konnten sie, noch im Anfangsstadium, erneut erfolgreich behandeln.

Fazit

Aus Cookie wird wohl kein süßes, liebes Kätzchen mehr werden, aber die Behandlung mit Sepia war auch für ihre Seele sehr wichtig, weil es keinem Wesen gut tut, ständig schlechter Laune zu sein. Die Ursache ist manchmal auch Östrogenmangel und Sepia kann den Hormonhaushalt positiv beeinflussen.

Tipp

Die psychischen und physischen Symptome müssen nicht immer gleichbleibend sein, auch ein periodisches Auftreten wie monatlich, jährlich oder immer zu Vollmond spricht für Sepia. Der mürrische Verdruss erinnert an Natrium chloratum, ist aber bei Sepia auf aktuelle Überforderung zurückzuführen, nicht auf alten Kummer. Sepia gilt hingegen als weibliche Entsprechung von Nux vomica.

Literatur

Boericke, William: *Handbuch der homöopathischen Materia. Medica*, Haug-Verlag, 2004.

Dieser, Rudolf: *Alphabetisches Repertorium der homöopathischen Tiermedizin.* Sonntag-Verlag, 2004.

Fraefel, Dominique N.: *Homöopathische Anamnese und Repertorisation bei Hund und Katze.* Sonntag-Verlag, 2007.

Millemann, Jacques: *Materia medica der homöopathischen Veterinärmedizin.* Sonntag-Verlag, 2002.

Steingassner, Dr. Hans Martin: *Homöopathische Materia.* Medica für Veterinärmediziner, Maudrich-Verlag, 2004.

Wolff, Hans Günter: *Unsere Katze – gesund durch Homöopathie.* Sonntag-Verlag, 2002.

Weitere empfohlene Literatur

Baumgart, Liesel und Hand, Marlies: *Bach-Blüten für Tiere.* Oertel+Spörer, 2009.

Reisert, Christiane: *Wo drückt die Tatze? Wenn Katzen krank sind.* Oertel+Spörer, 2012.

Tschischke, Cornelia: *Homöopathie für eine gesunde Hundeseele.* Oertel+Spörer, 2013.

Tschischke, Cornelia: *Katzenglück aus zweiter Hand.* Oertel+Spörer, 2012.